KB187370

극지과학자가 들려주는

드론 이야기

그림으로 보는 극지과학 시리즈는 극지과학의 대중화를 위하여 극지연구소에서 기획하였습니다. 극지연구소Korea Polar Research Institute, KOPRI는 우리나라 유일의 극지 연구 전문기관으로, 극지의 기후와 해양, 지질 환경을 연구하고, 극지의 생태계와 생물자원을 조사하고 있습니다. 또한 남극의 '세종과학기지'와 '장보고과학기지', 북극의 '다산과학기지', 쇄빙연구선 '아라온'을 운영하고 있으며, 극지 관련 국제기구에서 우리나라를 대표하여 활동하고 있습니다.

일러두기

• 인명과 지명은 외래어 표기법을 따랐다. 하지만 일반적으로 쓰이는 경우에는
  원어 대신 많이 사용하는 언어로 표기했다.

• 용어는 책의 내용과 직접 관련있는 경우에는 본문에서 설명하였고,
  주제와 관련이 적거나 추가 설명이 필요한 용어는 책 뒷부분에 따로 실었다.

• 참고문헌은 책 뒷부분에 밝혔다.

• 책과 잡지는《   》, 글과 영화는〈   〉로 구분했다.

그림으로 보는 극지과학 11

극지과학자가 들려주는

드론 이야기

차례

인간이 새처럼 날 수 있다면 얼마나 좋을까?

그리스 로마 신화에 나오는 이카로스Icaros는 깃털로 만든 날개를 밀 랍으로 붙이고 하늘을 날았다. 그러나 아버지 다이달로스Daedalos의 주 의에도 불구하고 태양 가까이 날다 밀랍이 녹아 지상으로 떨어졌다.

고대부터 인간은 하늘을 날고 싶어 했다. 가능한 더 높이 날고 싶어 했 다. 무엇을 위해 그랬을까? 지상의 지형지물에 제한을 받지 않고 먼 곳에 빠르게 도달하고 싶은 마음이었을 것이다. 또한 높은 곳을 날고 있는 독 수리의 눈이 되어 지상의 모든 것을 보고 싶었을 것이다.

인간은 자기의 시야를 넘어 지상의 모든 것을 한눈에 보고자 하는 호 기심을 가지고 있다. 약 560여 년 전 레오나르도 다빈치Leonardo da Vinci는 이런 인간의 호기심을 해결하기 위해 비행에 대한 이론을 만들었으며, 그것은 오늘날 헬리콥터의 기본 아이디어가 되었다. 그리고 마침내 라이

그림 1

이카로스의 꿈: 하늘을 날다. 미노스 대왕으로부터 탈출하기 위해 아버지 다이달로스와 이카로스
는 밀랍과 큰 새의 날개로 하늘을 난다. (그림 출처 : 다이달로스와 그의 아들 이카로스Daedalus en zin zoon
Icarus | 샤를 폴 랑동Charles-Paul landon, 1799년.)

극지과학자가 들려주는 드론 이야기

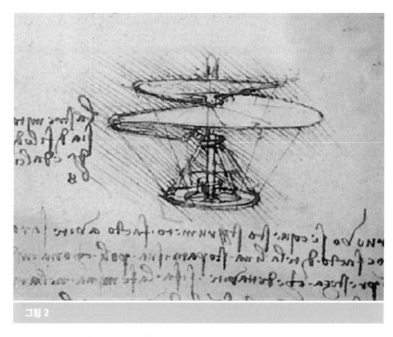

그림 2

레오나르도 다빈치, 비행 원리를 설계하다. 이탈리아의 레오나르도 다빈치는 1483년 수직으로 떠오를 수 있는 비행체인 '에어리얼 스크류^Aerial screw'의 스케치를 남겼다. 오늘날 헬리콥터의 최초 원리가 기록된 것이다. 그리고 1863년 프랑스의 아메크루트^D'Amecourt가 '헬리콥터'라는 이름을 사용한 최초의 기기를 발명했다.

트 형제Wright brothers의 비행기 발명으로 하늘을 나는 인간의 꿈은 실행되기 시작했다.

비행기와 헬리콥터 등은 인간이 직접 하늘을 날 수 있게는 했지만, 우리가 원하는 시간에 원하는 장소로 이동하기 위해 하늘을 닐아가는 데에는 상당한 비용을 지불해야 하는 한계가 있다.

라이트 형제 : 비행기를 발명하다. 1903년 12월 17일 라이트 형제는 동생 오빌Orville의 조종으로 역사적인 첫 동력 비행기인 플라이어호를 이용하여 12초 동안 36.5m의 비행에 성공한다. 이로써 공기보다 무거운 비행체가 동력에 의해 하늘을 날 수 있게 되었다. 이들은 그후 2년 뒤 첫 고정익 항공기를 제작했다. (출처 : 위키백과, 《라이트형제》, 데이비드 매컬로 지음. 박종서 옮김, 승산, 2017년 출간.)

　　그래서 사람들은 오래 전부터 높은 곳에 올라 먼 곳을 볼 수 있는 장치를 개발해 왔다. 고대부터 가지고 있던 이런 인간의 꿈을 실현시킨 것이 드론drone이다. 이제 인간은 제자리에서 먼 곳을 독수리의 눈으로 볼 수 있게 된 것이다.

　　멀리 보고자 하는 인간의 꿈을 실현시킨 드론! 이젠 낯설지 않다. 오늘날 드론은 놀이를 위한 장난감에서부터 군사용 무기까지 종류와 사

극지과학자가 들려주는 드론 이야기

용 범위가 다양하다.

드론은 1935년 영국에서 유인 비행기를 무인 비행기로 개조하면서 시작되었다. 이를 발전시키기 위해 미국 해군에서 진행한 무인 비행기 개발 프로젝트가 '드론 프로젝트'로 오늘날 '드론'이라는 이름은 여기에서 유래되었다.

초기의 드론(무인 비행기)은 사람이 원격으로 조종하는 무선조종 비행기 수준이었다. 그러다 영화와 소설 등에서 자동으로 움직이며 정찰과 공격을 하는 무기로 그려지기 시작하면서 인간에게는 공포의 존재로 알려졌다. 하지만 오늘날 과학 기술의 발달과 저렴해진 전자 부품들로 인해 생활 속에서도 사용이 가능한 다양한 종류의 소형 무인항공기 드론이 탄생하게 된다.

최근에는 드론을 이용해 생활을 편하게 하는 장치들이 많이 개발되고 있다. 온라인으로 주문한 물건을 배달하는 드론, 화재나 지진 등의 사고에서 인명을 구조하는 드론, 고속도로를 이용하는 차량들 중에 버스 전용 차선이나 갓길을 달리는 얌체 운전자를 찾아내는 감시용 드론, 해충 방재나 코로나 방재와 같이 넓은 공간에서 진행해야 할 인간의 노력을 최소화하면서 안전하고 효과적으로 목적을 달성하게 하는 드론 등 다양한 종류의 드론이 운용되고 있다.

그중 빼놓을 수 없는 것이 드론을 이용한 과학 연구이다. 특히 인간의 접근이 어려운 극지에서 드론을 이용한 과학 연구는 드론의 장점을 골

고루 이용한 사례가 될 것이다.

오늘날 지구 온난화로 인해 과학자들과 일반인들의 관심을 가장 많이 받고 있는 곳이 극지이다. 극지에서는 과거의 과학 기술이 예측한 것보다 더 빠른 속도로 얼음이 줄어 들고 있다. 인간의 활동에 의해 발생한 이산화탄소를 줄이지 못하고 있기 때문이다. 온실가스라고 불리는 이산화탄소의 감소가 더디게 진행되고 있기 때문에 지구가 데워지고 있는 속도는 줄어들지 않고 있다. 지구의 평균 온도가 올라 가니 북극에서 해빙이 급격이 줄어들고, 그동안 태양 에너지를 반사해서 지구의 온도를 조절하던 해빙의 역할이 약해지고 있다.

과학자들은 2030년 여름, 북극에 해빙이 없는 모습을 볼 수도 있을 것이라도 경고한다. 남극대륙과 이어져 바다에 떠 있는 약 100~1,000m 두께의 얼음덩어리인 빙붕들도 깨어져 나가고 있다. 이로 인해 바닷물의 수위를 높이는 데 큰 영향을 줄 수 있는 남극의 빙하가 더 빠른 속도로 대륙에서 바다로 흘러내려가고 있다.

남극의 빙하가 다 녹을 경우 전 세계 해수면이 약 70m 정도 상승할 수 있다고 한다. 이는 현재 인류가 살고 있는 대도시의 대부분이 물에 잠긴다는 이야기이다. 대부분의 대도시가 해안에 위치하고 있기 때문이다.

극지를 포함해서 그동안 추운 환경을 유지하던 지역들이 지구온난화로 인해 변하고 있다. 특히 추운 환경에 적응해서 생활해 오던 생물의 변화가 심각하다. 북극곰의 보금자리가 사라지고 먹이가 줄어들고 있다

극지과학자가 들려주는 드론 이야기

는 것은 잘 알고 있을 것이다. 남극에서도 펭귄의 터전이 바뀌고 있다.

1년에 수 센티미터 정도밖에 자라지 못하는 남극 반도의 식물들도 영향을 받는다. 우리가 알지 못하는 많은 극지 생태계에서 변화가 일어나고 있다.

하지만 극지는 인간의 접근이 어려워 현장 조사를 쉽게 할 수 없다. 온난화에 의해 얼마나 많은 식물의 군집 구조가 바뀌고 있는지, 또는 펭귄의 서식지와 개체수는 어떻게 변하고 있는지, 우리 눈으로 보기 전에는 잘 모른다. 대한민국의 극지연구소에서는 많은 과학자들이 이러한 변화를 관측하고, 온난화에 의해 극지 환경이 어떻게 바뀌고 있는지 연구하고 있다.

필자가 드론을 한국 최초로 극지에 가져간 이유가 여기에 있다. 극지는 온난화와 관련한 여러 현상들이 발생하는 곳이다. 예상할 수 없는 기상의 변화, 특히 눈으로 덮여 있는 지형은 눈 속에 무엇이 있는지조차 알 수 없다. 크레바스와 같은 위험한 지형이 극지 연구자의 안전을 위협한다.

또한 극지에 살고 있는 펭귄과 해표 같은 생명체들은 인간의 접근이 없었던 천연의 환경에 익숙해 있다. 그렇기 때문에 과학을 위해 꼭 필요한 연구자들의 발길조차 그들에게는 불편하다. 인류에 의한 병원균 유입과 인산 활동에 의한 환경 오염, 그리고 이로 인한 자연환경의 교란이 예상된다. 인간의 접근이 쉽지 않은 위험한 자연환경에 있는 생태계 연구에서는 인간에 의한 환경 교란을 최소화하면서도 효과적이고 효율적으로 과학 연구를 수행할 필요가 있다.

드론을 이용하면, 남극에서는 자연환경에 대한 교란을 최소화하면서 펭귄의 서식지와 식물의 분포를 안전하고 효과적으로 관찰할 수 있다. 북극에서는 온난화에 의해 본래의 기능을 잃어가고 있는, 수 킬로미터 규모의 해빙 표면에서 어떤 일이 일어나는지 정밀 관측할 수 있다.

필자는 앞서 발간한《극지과학자가 들려주는 원격탐사 이야기》에서 "숲의 변화를 보기 위해서는 숲의 바깥에 있어야 한다."고 했다. 드론도 우리의 눈을 넓혀 숲의 바깥에서 숲의 변화를 볼 수 있게 하는 효과적이고 똑똑한 장치이다. 무엇보다도, 내 마음대로 움직일 수 있는 비교적 저렴한 장치로 극지 연구에서 인간의 한계를 극복하게 하는 계기를 마련해 준 과학발명품이다.

지구의 곳곳을 관측할 수 있는 인공위성은 우주에서 지구 주변을 남북 방향으로 관성 운동하는 장치이기 때문에 내가 원하는 장소를 촬영하도록 마음대로 설정하기가 쉽지 않다. 특히 특정 지역을 특정 시간에 관측하기 위해서는 상당한 비용과 인력이 필요하다. 그리고 관측한 곳을 재방문하기 위해서는 최소 하루 이상을 기다려야 한다.

하지만 드론은 위성처럼 하늘에서 지상을 관측할 수 있는 장점을 가지고 있으면서도 내가 원하는 장소를 마음대로 관측할 수 있는 기회도 준다. 드론은 사람들이 천리를 내다볼 수 있게 천리안을 가져다주었다.

특히 인간의 접근이 어려운 장소에서 일어나는 현상에 대한 정보를 정밀하게 실시간으로 획득할 수 있게 한다.

드론을 이용한 극지 과학 연구는 일종의 발상의 전환이었다. 전쟁 무기로 더 많이 알려져 있는 드론을 인류에 도움이 되는 과학 연구에 어떻게 적용하게 되었는지, 그리고 드론이 극지에서 얼마나 효과적인지를 필자의 좌충우돌 경험을 통해 여러분께 소개하고자 한다.

1장

드론, 남극
세종과학기지에 가다

2014년 1월, 우리나라 최초로 드론을 이용한 극지 과학 연구가 시작되었습니다.
극지에서는 극한의 추위와 예상할 수 없는 기상의 변화, 크레바스와 같은 위험한
지형이 연구자의 안전을 위협합니다. 또한 극지에 살고 있는 생명체들에게는 과
학연구를 위해 꼭 필요한 연구자들의 발길조차 위험하죠.
지구의 곳곳을 관측할 수 있는 인공위성과 비행기를 이용한 연구 방법이 있기는
하지만, 상당한 비용과 인력이 필요하고, 내가 원하는 장소를 마음대로 설정하기
도 쉽지 않습니다.
하지만 드론은 보다 효율적인 방법으로 정밀한 정보를 획득할 수 있어, 사람들에
게 앉아서 천리를 내다볼 수 있는 천리안의 역할을 해줍니다.

1. 한국 최초로 극지 연구에 드론을 띄우던 날

　2014년 1월 남극 세종과학기지에서는 여느 해와 다른 특별한 탐사가 시도되고 있었다.

　바람이 거의 불지 않고 하늘이 청명한 어느 날, 세종과학기지 옆 넓은 공간에서 직경 1.2m 정도 크기의 방사형 물체가 8개의 프로펠러를 강하게 회전하며 굉음과 함께 이륙했다. 한국 최초로 무인 멀티콥터(프로펠러가 여러 개 달린 수직 이착륙 비행체 : 드론)가 과학 연구를 위해 시험 가동되는 순간이었다. 주변의 많은 과학자들이 하던 일을 멈추고 이 이상하게 생긴 기기의 굉음을 따라 시선을 옮겼다. 몇 년 간의 준비 끝에 시작되는 드론 탐사이기 때문에 원격 조종기를 들고 있는 필자의 손에서도 긴장과 기쁨의 땀이 흐르고 있었다.

　통신 상태 점검, 배터리 점검, 그리고 정해진 경로를 움직이며 자동 관

그림 4

2014년 1월 우리나라 최초로 남극에서 무인기를 이용해 남극 현장을 연구하기 위해 남극 세종과학기지에 들어가는 필자의 모습. 생명보호복을 입고 있다. 칠레 공군기지에 착륙 후 세종과학기지로 들어가기 위해서는 조디악이라는 고무보트를 타고 가야 한다. 파도 등으로 물길이 위험하기 때문에 모든 승선 인원은 필자와 같은 생명보호복을 입는다. (2014년 1월 8일)

측을 하기 위한 간단한 테스트를 수행했다. 드론이 하늘에서 내려다보이는 모습을 실시간으로 지상에 보내 주었다. 모두가 "와!" 하는 소리와 함께 신기하게 쳐다보았고, 조금씩 고도를 높여 작은 새만한 크기가 될 때까지 드론은 하늘로 날아올랐다.

　간단한 조작을 통해 비행체의 움직임과 카메라의 상태를 시험한 후, 컴퓨터를 이용하여 미리 입력해 둔 좌표를 따라 큰 덩치의 비행체가 이리저리 자동으로 움직이도록 시험 비행을 하였다. 무인항공기는 자신의 역할을 제대로 수행했다. 성공적인 시험 비행이었다. 이로써 남극에서 과

그림 5

드론, 우리나라 최초로 남극에서 날다. 2014년 1월 남극 하계 연구를 위해 세종과학기지를 찾아간 필자가 시험 비행하고 있는 모습. 탐사에 사용된 드론은 프로펠러가 8개 달린 옥토콥터octocopter로 강한 바람이 자주 발생하는 남극 환경에 어느 정도 견딜 수 있는 출력을 가지고 있으며, 고성능 디지털 카메라를 장착할 수 있다. 일반적으로 25분 정도 운용이 가능한 배터리가 장착되어 있지만, 남극의 낮은 온도와 강한 바람 때문에 15분에서 20분 정도 운용이 가능하다.

학 연구를 위한 드론 운용 준비를 무사히 마무리했다.

남극에서 인간의 활동이 가능한 여름 시즌 동안 연구자들은 생동감 있는 남극의 또 다른 모습을 연구한다. 남극은 우리가 살고 있는 한반도와는 지구 반대편인 남반구에 위치하고 있어 계절이 반대로 움직인다. 그래서 눈이 녹기 시작하고 인간의 활동이 어느 정도 가능한 남극의 여름철인 12월에서 2월 사이 많은 과학자들이 남극 탐사를 떠난다.

사실 다른 계절에는 남극에 갈 수 있는 방법이 거의 없다. 남극은 우리의 일상과는 다른 극한의 환경을 가지고 있다. 거의 1년 내내 눈이 쌓여 있고, 겨울에는 수개월 동안 해가 뜨지 않는 극야極夜, Polar Night가 지속된다. 또 블리자드blizzard와 같이 영하의 기온에 강한 바람을 타고 눈보라가 불기 때문에 수 미터의 눈이 쌓였다 이동하는 환경의 변화가 있다. 그래서 겨울 동안에는 남극에 갈 수 있는 방법이 거의 없다.

한국의 과학자들은 남아메리카 끝단의 칠레 푼타아레나스Punta Arenas에서 비행기나 배를 타고 대한민국의 남극 세종과학기지를 찾아간다. 세종과학기지는 여름철 남극 탐사에 참여하는 과학자들이 모이는 장소이며, 세종과학기지가 위치한 바톤Barton 반도의 환경 탐사를 위한 베이스캠프이다.

세종과학기지의 정확한 위치는 남위 62.13도, 서경 58.47도이다. 지도를 찾아보면 남극 대륙의 서쪽에 뾰족한 꼬리 모양으로 나와 있는 남극 반도, 그중에서도 끝부분에 위치한 남셰틀랜드South Shetland 군도의 킹조지King George 섬에 자리잡고 있다.

남극의 하늘에 드론을 띄운 이유

이곳에서 2014년 1월, 우리나라 최초로 드론을 이용한 극지 과학 연구가 시작되었다. 필자가 시작한 일이다. 하늘에서 지상의 자연 현상을 관측하고 분석하는 원격 탐사는 지구 관측 인공위성이 개발되기 전까지 주로 비행기를 이용했다. 첨단 과학 관측 장비를 비행기에 실어 지상의 변화를 확인하고 분석했다. 하늘에서 지상을 내려다보며 관측하는 과학 연구에 익숙했기 때문에 필자는 드론을 이용한 극지 연구라는 생각을 할 수 있었다.

여기서 잠깐! 과학 연구에 왜 비행기가 아니고 드론을 사용하느냐고 질문을 할 수 있을 것이다. 비행기나 헬리콥터와 같이 더 좋은 장비와 방법이 있음에도 드론을 사용하게 된 이유는 간단하다. 드론은 언제 어디서나 내 마음대로 운용할 수 있다. 반면, 비행기를 이용한 지상 관측은 상당한 비용이 들기 때문에 큰 규모의 연구가 아니면 연구원 개인이 비행기를 이용한 연구를 진행하기가 쉽지 않다. 국내의 경우 지도 제작 등 공공의 편의를 위해 지표를 측량하는 일에 비행기를 이용하고 있다. 사실 국내에서 수행되는 대부분의 환경 모니터링 변화 연구와 같은 자연과학 연구는 소규모 연구 그룹에서 진행되기 때문에 비행기처럼 고가의 연구 장비를 이용하는 경우가 많지 않다.

반면 미국과 유럽 등에서는 지구 규모의 환경 변화 연구를 위해 대형 연구 과제를 추진한다. 몇 년 간의 연구 기간 동안 여러 연구자들이 분야별 합동 연구를 진행하며 비행기를 이용하여 정밀 지상 관측을 하고 있다. 북극과 남극의 경우도 얼음으로 덮여 있는 자연에서 과학 활동을 위한 육상의 길을 새로 개발하거나, 얼음 변화를 정밀하게 관측하기 위해 비행기를 이용한다.

대표적인 연구가 미국의 NASA에서 2009년부터 2019년까지 11년간 수행한 IceBridge 프로그램이다. 비행기에서 극지의 지상 고도를 정밀 측정할 수 있는 최첨단 고도계를 운용해 해빙의 두께를 정밀하게 측정하고, 해빙이나 빙하 등 지상의 얼음 조각 움직임을 관측하는 연구였다.

해빙과 빙하의 두께를 관측하기 위해 운용되는 인공위성인 ICESat, ICESat-2의 관측 정확도를 높이기 위해 비행기를 이용하는데, 비행기를 활용하여 정밀조사함으로써 위성으로부터 생산되는 자료를 검정하고, 더 좋은 관측을 위해 위성 자료를 보정하기 위한 연구를 수행했다.

극지 얼음의 특성과 변화를 연구하기 위해 수행된 대규모 항공 관측 연구 프로젝트이다.

일반 비행기를 개조하여 정밀 관측 연구 장비를 갖춘, 하늘을 나는 실험실을 만들었다. 북극과 남극의 빙상, 빙붕, 해빙에 대해 3차원 자료를 생산하며, 매년 남극과 북극에서 일어나는 얼음의 변화를 2009년부터 2019년까지 11년간 관측하였다.

2003년 발사된 얼음 두께 관측 위성인 ICESat 위성이 2009년 궤도를 이탈하게 되어 더이상 극지 얼음의 정밀 위성 관측이 어려워지자, 2009년부터 다양한 종류의 항공기를 이용하여 남극과 북극의 얼음 변화를 계속 관측함으로써 위성이 없는 동안의 공백을 메우는 중요한 역할을 수행하였다.

3월에서 5월 사이에는 북극의 그린란드를 주로 관측하고, 10월에서 11월 사이에는 남극에서 관측을 수행하였다. 북극에서 3~5월은 얼음이 녹기 시작하는 계절이고, 남극은 북극과 계절이 반대이기 때문에 10월에서 11월이 얼음이 녹기 시작하는 계절이다.

NASA의 IceBridge는 극지방과 지구 기후 시스템을 연결하는 과정을 더 잘 이해하기 위해 극지방의 얼음에 대한 자세한 관측 연구를 수행하는 프로젝트이다. 해빙의 감소 등 지구온난화와 관련된 연구가 주 목적이며, 남극과 그린란드의 빙하 감소가 해수면 상승에 미치는 영향을 정밀하게 관측하는 연구 프로젝트이다.

그림 6

미국 NASA에서 IceBridge 미션 수행을 위해 이륙하는 DC-8 비행기 실험실. 2012년 환경 과학 연구 수행을 위해 IceBridge 프로그램에 사용된 비행기이다. 남극 빙하의 움직임 등 빙상 관측과 빙저호, 그리고 해빙의 두께를 측정하기 위해 NASA에서 일반 비행기에 최첨단 관측 장비를 설치하여 연구 목적으로 개조한 실험실 비행기로 남극 대륙 상공을 총 145시간 정도 비행했다. (출처 : NASA, Tony Landis)

그림 7

IceBridge 로고 : 비행기와 인공위성을 이용하여 남극과 북극의 얼음 변화를 정밀 관측하는 프로젝트를 이미지화했다. 이 프로젝트는 2003년 발사된 ICESat과 2018년 발사된 ICESat2 위성의 자료 검정 및 성능 개선을 위한 보정 연구를 수행했다. ICESat이 2009년 임무를 중단하고, 2018년 ICESat-2가 올라가기 전까지의 공백을 메우기 위한 관측을 수행했다. (출처 : NASA, M. Studinger)

그림 8

IceBridge 프로젝트 수행을 위해 NASA의 P-3 항공기가 그린란드 남동쪽 상공을 2017년 5월 8일 날고 있다. P-3 항공기는 4개의 프로펠러 엔진을 가지고 있으며, 8~12시간 정도 비행을 할 수 있다. (출처 : NASA, Joe MacGregor)

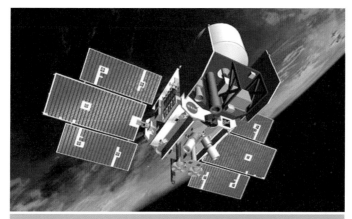

그림 9

ICESat위성, ICESat은 Ice, Cloud and land Elevation Satellite의 약자로, 얼음, 구름 그리고 지상의 고도를 관측하는 위성이라는 의미이다. 극지방 얼음의 두께, 구름 속의 에어러졸aerosol 두께, 그리고 지상의 고도 및 식생을 관측한다. 2003년부터 2009년까지 얼음에 대한 많은 정보를 제공해주었다. (출처 : NASA)

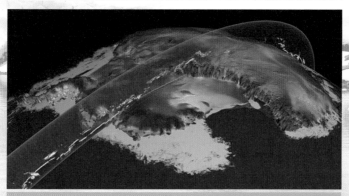

그림 10

ICESat 궤도와 관측 자료 예. (출처 : NASA)

2. 드론, 그냥 날리면 안 돼요!

드론을 운용하기 위해서는 반드시 지켜야 할 약속이 있다. 바로 드론 운용 규칙이다.

2014년은 남극에서 드론 운용을 위한 제대로 된 규정이 만들어지기 전이었다. 남극 세종과학기지가 있는 킹조지 섬은 남극을 찾는 사람들을 실어 나르는 항공기의 주요 경로이다. 세종과학기지에서 조디악고무보트을 타고 약 30분 가량 가면 맥스웰Maxwell 만이라 부르는 곳에 칠레의 공군기지인 프레이Frei 기지가 있다. 비행기가 수시로 이착륙하는 곳은 아니지만, 세종기지 주변에 있는 8개국의 과학기지에 드나드는 사람들과 필요한 물자를 운반하는 주요 공항으로서의 역할을 한다.

때문에 드론과 같이 하늘을 이용하는 항공기를 운용할 때는 모두의 안전을 위해 반드시 기지와 실시간 연락하면서 다른 항공기의 이착륙을 위한 하늘 길을 방해하지 않도록 주의해야 한다.

지금은 드론 운용을 위한 절차들이 잘 만들어져 있기 때문에 정해진 운용 규정을 따르기만 하면 되지만, 2014년도 남극에서의 드론 운용은 한국 최초로 시도되는 일이었기 때문에 경험하지 못한 여러 경우의 일을 미리 생각하고 대비했어야 했다.

이착륙시 인근 공군기지로 반드시 알려야

그중 하나가, 칠레 공군기지와 이웃 기지들에게 세종과학기지에서 드론을 운용할 것이라는 알림을 미리 보내는 것이다. 우스갯소리로, 당시 모든 사람들에게 드론은 익숙하지 않았던 비행체였기 때문에 마치 남극 하늘에 미확인 비행물체가 나타난 것과 같은 착각을 일으킬 수도 있다. 이런 상황을 피하기 위해 미리 손을 써두는 것이다.

물론 제일 중요한 것은 남극을 드나드는 항공기의 안전을 확보하면서 드론을 운용하는 것이었다. 칠레 공군기지와 무전기를 이용하여 실시간 소통하며 조심스럽게 시험 비행을 수행했다.

하지만 하늘에 비행기가 보일 때마다 가슴이 철렁했다. 실제 비행기의 고도와 무인기의 고도는 수백 미터의 차이가 남에도 불구하고, 지상에서 볼 때는 마치 교차할 듯한 아찔한 모습으로 보이기 때문에 매순간 심장이 쪼그라들 정도로 긴장이 됐다.

당시 배터리 기술과 남극이라는 추운 환경으로 인해 배터리 가동시간은 10~15분 내외밖에 되지 않았다. 그렇게 첫 10분 정도의 긴장된 비행은 드론이 땅에 랜딩기어를 붙이고 프로펠러들의 회전이 완전히 멈추면서 끝이 났다.

첫 드론 비행 때 나 혼자만 긴장한 것은 아니었다. 남극 세종과학기지 주변 모든 국가의 과학기지에서 한국에서 처음 시도하는 드론의 안전한 운항을 기원하며 하늘 길에 신경을 쓰고 있었다.

드론을 착륙 시킨 후 제일 먼저 한 것은, 하늘의 비행경로가 안전해졌다는 것을 알리는 일이었다. "드론 비행 끝, 오버!"라는 무선을 칠레 공군

우루과이 아르티가스
러시아 벨링하우젠
칠레 프레이
중국장성
Fildes Peninsular
Fildes Strait
Adiey Island
Collins Harbor
Weaver Peninsular
Maxwell Bay
Marian Cove
대한민국 세종
Barton Peninsular
남극특별
보호구역 171
Potter Cove
아르헨티나 칼리니
독일 달만랩
Potter Peninsular
King George Island
Nelson Island

기지
남극특별보호구역

그림 11

남극 세종과학기지 주변에 있는 각국의 기지들과 칠레 프레이 공군기지.

기지에 보냈다.

이렇게 한국 최초의 남극 드론 비행이 마무리되었다.

2019년 4월 3일부터 드론 활용의 촉진 및 기반 조성에 관한 법률이 시행되었다. 드론 관련 산업의 발전과 진흥을 위한 법적인 근거가 마련된 것이다.

이전에는 2017년 3월 30일부터 시행된 '항공안전법'에 의해 항공기, 경량 항공기, 초경량 항공기 또는 초경량 비행장치가 안전하게 항행하기 위한 방법이 정해져 있었다.

여기서 드론의 법적 개념은 '초경량 비행장치'에 속하는 '무인 비행장치' 중 '무인동력 비행장치'이며, 좀더 세분화해서 '무인 비행기'와 '무인 회전익 비행장치'로 구분된다.

드론은 비영리적인 목적일 경우 사업등록이 필요 없다. 하지만 영리적인 목적의 사용이면 항공사업법상 초경량 비행장치 사용사업을 등록하고, 보험 또는 공제에 가입해야 한다.

드론은 자체 중량에 따라 사용 신고 범위가 결정된다. 자체 중량이 12kg을 초과하는 모든 비사업용 드론과 모든 사업용 드론의 소유자나 사용 권리자는 장치 신고를 하고 신고번호를 발급받아 드론에 표시해야 한다(초경량 비행장치 신고증명서).

드론을 운행할 때도 최대 이륙 중량이 25kg을 초과하면 비행 승인이 필요하며, 안전 인증을 받아야 한다. 하지만 초경량 비행장치 전용 구역을 비행하는 경우 불필요하다.

최대 이륙 중량이 25kg 이하인 드론은 비행 승인이 원칙적으로 필요 없다. 하지만 150m 이상의 고도나 관제구역 등을 비행시키려면 비행 승인을 받아야 한다. 이때 자체 중량이 12kg을 초과하는 드론의 비행을 위해서는 조종자 자격증이 필요하다(초경량 비행장치 조종자 자격증 : 자체 중량 115kg 이하).

　드론 비행 때는 반드시 항공안전법 제129조 및 동법 시행규칙 제310조의 준수 사항을 따라야 한다. 드론으로 항공 촬영을 할 경우에는 비행 승인과 별도로 항공 촬영 허가를 받아야 한다. 이러한 규제 외에 국내에서 새로운 드론을 제작, 판매하거나 수입하려면 전파법상 전파 인증을 별도로 받아야 한다.

　이와 같은 사항을 위반할 경우 일부는 형사처벌, 일부는 과태료 부과 대상이 되므로 주의해야 한다.

3. 공상과학영화에 등장했던 드론, 이젠 내 옆에

남극은 바람이 강하게 불 때가 있기 때문에 어느 정도의 바람 변화에 견딜 수 있는 힘파워을 가진 드론을 사용해야 한다. 아주 빠르게 회전하는 프로펠러들이 바람의 세기에 따라 회전력을 자동 조절하며 일정한 속력으로 비행할 수 있어야 한다.

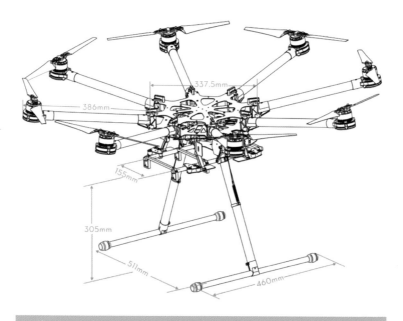

드론 Vision 1000-8 Octocopter는 그림에서 보이는 DJI사의 S1000 제품(2014년 11월 출시)이 출시되기 한 해 전의 모델로, 랜딩 기어와 프레임 암이 접히지 않는 부분만 다르다. 현재 생산이 중단되어 Vision 1000-8 Octocopter의 자료는 아쉽게도 구할 수가 없었다.

극지과학자가 들려주는 드론 이야기

우리나라 최초로 남극 하늘을 날았던 드론도 이러한 환경에 적합한 모델이었다. 국내에서 주로 항공 촬영용으로 개조되어 사용되던 모델인 'Vision 1000-8 Octocopter'이다.

본체의 센터프레임center frame 지름은 대략 34cm에 8개의 프레임 암arm이 달려 있는데, 카본 재질로 된 프레임 암의 길이는 약 39cm이

그림 13

드론을 구동하기 전에 남극 세종과학기지의 실험실에서 조립하는 필자의 모습. 한국에서 남극까지 드론을 가져가느라 프레임 암과 랜딩기어 등을 분리해서 부피를 최소화했다. 남극에 도착하여 구동이 가능한 형태로 재조립을 하고, 배터리 등을 연결하여 조종기와 드론 간 통신 테스트와 운용 프로그램 테스트를 실시하였다.

다. 전체 무게가 약 4.5kg 정도로, 최대 11kg까지 물건을 들어올린 수 있었다. 비행체의 중심으로부터 뻗어 나온 8개의 팔 끝에 최대전력 약 4,000W$^{500W×8개}$ 정도의 힘을 가지고 있는 모터가 있다. 지상 관측을 위한 카메라를 장착할 경우 약 15~20분 정도 비행이 가능한 모델이다.

일반적으로 수직으로 이착륙하는 드론은 프로펠러의 개수에 따라 이름을 붙인다. 필자가 사용한 드론은 프로펠러가 8개이기 때문에 옥토콥터^{octocopter}라 불리기도 한다.

이렇게 여러 개의 프로펠러^{로터}로 가동하는 무인기를 통틀어 '멀티로터'라고 지칭한다.

실시간 정보를 받기 위해서는 모뎀, 영상송수신기, 모니터 필요

드론은 지상에서 사용자가 보내는 신호를 받아 움직인다. 이때 지상에서 신호를 보내는 기기를 무선조종기라 한다. 필자가 사용한 무선조종기는 Futaba T8FG 8ch(2.4GHz)로 8채널을 이용할 수 있기 때문에 8가지의 조종이 가능했다.

조종기는 드론 사용자가 비행 중인 드론을 육안으로 보면서 수동으로 조종하게 하는 기능이 가장 중요하지만, 자동 비행 관측 등을 위해 컴퓨터와 연결하여 비행 경로와 관측 방법 등 컴퓨터로 프로그래밍한 정보를 드론으로 보내는 기능도 수행한다.

지상의 관측 대상을 일정한 간격으로 관측하기 위해서는 자동 비행

극지과학자가 들려주는 드론 이야기

을 해야 하는데, 이때 컴퓨터에서 생성된 명령(경로 프로그램, 또는 비상시를 대비한 안전 운항)을 무선조종기를 통해 드론에 신호의 형태로 보내고 받는 역할을 하는 데이터 모뎀data modem이 필요하다. 이 기능을 위해서 DJI 900MHz Data Link라는 기기를 사용하였다.

또한 드론에 장착된 관측 카메라를 통해 획득된 영상을 지상의 사용자가 실시간 확인하기 위해서는 영상송수신기가 필요하다. 이를 위해 필자는 DJI AVL58 Tx/Rx(6.8GHz)라는 영상송수신 장치를 사용하였다.

그리고 드론이 관측한 영상을 실시간 확인하기 위해서는 별도의 지상 모니터가 필요하다. 그래서 화면 크기가 7인치인 LCD모니터를 무선조종기에 장착했다. 드론을 육안으로 직접 보지 않고도 그 모니터를 통해 드론이 움직이며 바라보고 있는 시선을 직접 확인하면서 드론을 수동 조종하거나, 관측 영상이 제대로 들어오는지 확인할 수 있었다. 모니터를 보며 저 멀리 드론이 바라보고 있는 것을 볼 수 있는 것이다. 드론을 통해 하늘 높이 날고 있는 새의 눈으로 먼 곳을 바라보고 싶어 했던 인간의 꿈이 이루어졌다.

그러나 정밀한 관측을 위해서는 독수리의 눈처럼 먼 곳을 정확히 볼 수 있어야 한다. 드론에 장착된 카메라의 성능에 따라 지상 관측물을 바라보는 정밀도는 달라진다. 따라서 카메라의 성능은 지상에서 관측하고사 하는 대상물의 종류에 따라 결정된다. 예를 들어 크기가 수 센티미터인 남극 식물을 탐지하기 위해서는 카메라의 해상도가 센티미터 이하를 관측할 수 있는 것이어야 하고, 크기가 수십 센티미터인 펭귄을 관측하기 위해서는 수십 센티미터 급의 해상도가 필요하다.

남극에서 드론을 이용한 첫 번째 과학 관측 임무가 남극 식물의 분포를 확인하는 것이었기 때문에 2,230만 유효화소를 가지는 캐논 EOS 5D MarkIII 디지털 카메라를 사용하였다. 카메라에 장착하는 렌즈의 종류와 드론의 촬영 고도에 따라 센티미터 이하의 해상도로 식생 촬영

그림 14

디지털 카메라, 캐논 EOS 5D MarkIII. 2012년 출시된 제품으로 2,230만 유효화소를 가지고 있고, 함께 사용하는 렌즈의 종류에 따라 지상의 관측 대상 촬영의 정밀도가 결정된다. 남극에서 사용한 카메라의 렌즈는 사진과 다르다. (사진 출처 : Wikipedia)

극지과학자가 들려주는 드론 이야기

이 가능한 기종이다.

여기에서 중요한 장비가 하나 더 있다. 바로 짐벌gimbal이다. 짐벌은 하늘에서 비행하는 드론의 흔들림에 의한 영향을 최소화하면서 카메라가 일정한 방향의 관측 대상을 안정적으로 촬영하게 하는 장비이다.

드론은 방향을 전환할 때 기체의 좌우 또는 앞뒤의 고도가 바뀌는 원리를 이용한다. 즉, 고정된 프로펠러의 회전력 차이를 이용하여 전진, 후진 또는 좌우 방향 전환 및 제자리 회전 등을 한다. 이때 드론에 장착된 카메라도 같은 방향으로 흔들리기 때문에 지상의 관측 대상물이 카메라의 시야에서 벗어나는 현상이 발생한다. 이를 방지하기 위해, 드론의 동체 흐름에 상관없이 카메라가 일정한 방향을 바라볼 수 있도록 전후/좌우/상하 방향의 3축의 변화에 영향을 적게 받는 짐벌이라는 장비를 사용한다.

드론은 전진할 때 본체가 앞으로 기울어지게 되는데 이때 짐벌이 기울어진 각도와 같은 각도만큼 뒤로 기울어지고, 좌우 방향으로 회전 이동 때도 같은 기울기만큼 반대 방향으로 기울어진다.

드론이 하늘을 나는 것은 뉴턴의 3법칙과 관계가 있다.

4가지 힘이 드론의 움직임과 관련이 있다. 첫째는 지구상에 늘 존재하는 중력으로, 지구 중심을 향해 연직 방향으로 끌어당기는 힘이다. 그리고 두 번째는 중력을 거스르기 위해 위로 들어올리는 힘인 양력이 있다. 세 번째로 무인기가 앞으로 이동할 수 있게 하는 힘이 추력이고, 마지막으로 추력이 생길 때 공기가 뒤로 끄는 힘인 항력이 있다.

중력보다 양력이 크면 드론은 상승하고, 추력이 항력보다 크면 드론은 앞으로 전진한다. 이러한 힘을 조절하는 것이 프로펠러로터이다.

일반적으로, 수직 이착륙이 가능한 형태의 드론을 멀티로터라고 앞에서 언급했다. 드론의 중심으로부터 방사형 방향으로 고정된 프레임 암에 설치된 프로펠러 각각의 회전 속도를 제어함으로써 방향을 전환하며 비행한다.

드론 운용의 안정성을 위해 짝수 개의 프로펠러를 가지고 있는 경우가 많다. 로터가 2개인 경우는 바이콥터/트윈콥터, 4개인 경우는 쿼드콥터, 6개인 경우는 헥사콥터, 8개의 경우는 옥토콥터라 부른다.

프로펠러가 많을수록 힘과 안전성이 좋지만, 공기 저항과 모터의 무게 증가로 기동성은 떨어진다. 4개와 8개가 드론의 움직임이 가장 편하면서 안정적으로 운용할 수 있는 구조이다. 가끔 드론의 기동성을 높이기 위해 3개, 5개의 형태로 만들기도 하지만, 안정성이 떨어지고 조종이 어려운 단점이 있어 우리에게 익숙한 드론의 형태는 아니다.

드론을 움직이는 프로펠러들은 각자 한쪽 방향으로만 움직인다. 즉 각각의 프로펠러가 회전하는 속도의 차이만을 이용하여 상하 좌우 전진 후진 등 모든 방향으로 이동한다. 이는 드론이 우리 일상에 더 가까이 올 수 있었던 이유이기도 하다. 헬리콥터와 같이 프로펠러의 기울기를 조절하는 고가의 복잡한 장치가 필요 없는 단순한 고정식 프로펠러 구조를 가지고 있기 때문이다.

그런데 여기서 드론의 프로펠러가 회전하는 방향이 좀 특이한 것을 발견할 수 있다. 모든 프로펠러가 같은 방향으로 회전하지 않는다. 그래서 서로 다른 회전 방향을 가진 프로펠러들은 모양도 서로 대칭이다. 이유는 간단하다. 모든 프로펠러가 같은 방향으로 회전하면 그 회전력으로 인해 드론도 제자리에 떠 있지 못하고 한쪽 방향으로 빙글빙글 돌게 되어 위치 제어가 어려워지는 문제가 생긴다. 헬리콥터에서 꼬리 부분에 프로펠러가 있는 이유와 같다.

짝수 개의 프로펠러를 사용할 경우 드론의 중심을 기준으로 서로 마주 보는 프로펠러의 회전 방향은 같다. 즉, 바로 인접한 두 프로펠러는 다른 방향의 회전을 한다. 프로펠러의 모양도 서로 대칭이다. 짝수 개의 프로펠러를 가진 드론들이 홀수 개의 프로펠러를 가진 드론보다 안정적인 이유이다. 다만 프로펠러가 많고 서로 반대로 회전하기 때문에 일정한 수준의 에너지를 뺏기는 단점이 있어, 에너지를 많이 사용하고 기동력이 상대적으로 떨어진다. 아래 그림은 4개의 프로펠러를 가지고 있을 경우 어떻게 방향 전환이 가능한지를 설명해 준다.

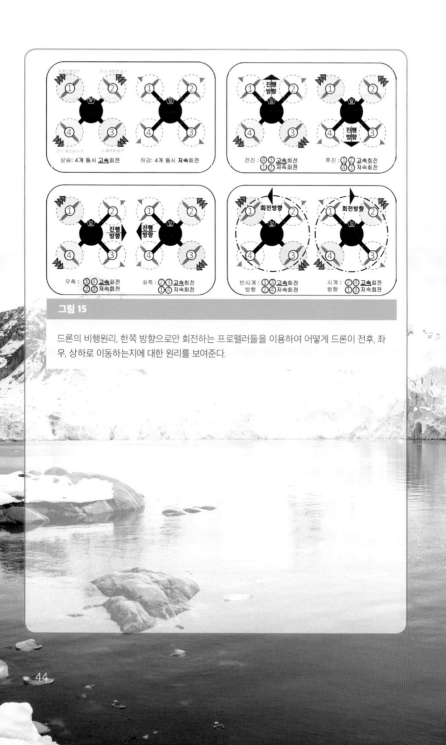

그림 15

드론의 비행원리, 한쪽 방향으로만 회전하는 프로펠러들을 이용하여 어떻게 드론이 전후, 좌우, 상하로 이동하는지에 대한 원리를 보여준다.

4. 극지 적응은 쉽지 않아요

남극에 드론을 가지고 가기 전에 한국에서 여러 번의 시험 비행을 했다. 전문가에게 운용을 위한 교육도 받았다. 그때까지 우리나라에서 어느 누구도 남극에 드론을 가지고 간 사람이 없었기에 차근차근 준비를 했지만, 두려움도 컸다.

무엇보다 걱정되는 것은 강한 바람과 차가운 기온이었다. 강한 바람에 대비하기 위해서는 남극에서 사용할 드론의 운용 지침에 따라 이착륙시 풍속 8m/s가 넘을 경우에는 운용을 하지 않는 것으로 결정했다. 물론 비가 내리거나, 눈이 많이 올 때도 기체에 수분이 들어가 전기적인 문제가 생기는 것을 방지하기 위해 운용을 중단할 계획이었다.

남은 것은 온도에 대한 문제였다. 드론 운용에 가장 걸림돌이 되는 것이 배터리이다. 엔진을 이용한 드론도 있었지만, 엔진을 사용할 경우 소음과 공해 때문에 남극 자연환경에 피해를 줄 것이 우려되어 처음부터 배제했다.

당시 드론용으로 나오는 배터리는 리튬폴리머lithium polymer로 가볍고 비교적 수명이 길었다. 그러나 배터리 성능은 온도에 영향을 받는다. 한국에서는 대략 15분 정도 운용이 가능했다. 하지만 남극의 세종과학기지에서는 여름이라 하여도 기온이 0℃ 전후였기 때문에 배터리의 성능이 많이 떨어질 것에 대비해 10분 정도로 운용 계획을 세웠다.

따라서 충분한 관측을 위해 여분의 배터리들을 준비해 갔다. 한 번 운

그림 16

남극 세종과학기지가 있는 바톤 반도. 반도의 왼쪽 아래 모서리 지역에 남극 세종과학기지가 있다.

행시 배터리가 2개씩 소비되니, 최소 5쌍 이상을 가지고 가야 1시간 가량 탐사를 할 수 있을 것 같았다.

드론을 이용하여 남극 세종과학기지가 있는 바톤 반도의 표면을 정밀 촬영하는 것이 목표였기 때문에 배터리 성능을 최대한 활용하면서

극지과학자가 들려주는 드론 이야기

넓은 연구 영역을 관측하기 위해서는 무인기의 이륙 지점을 옮겨 다녀야한다. 세종기지가 있는 바톤 반도는 가로 세로 약 4km 거리의 넓이를 가진 반도이다. 눈과 돌로 덮여 있는 오지여서, 모든 연구 장비를 배낭에 짊어지고 다녀야 한다. 현장 조사를 위해 관측을 나가면 보통 8시간 정도의 시간이 소요되기 때문에 기지로 돌아오기 전까지는 오지 생활을 해야 했다.

경험 부족으로 추락한 첫 번째 드론

기지 주변에서부터 가벼운 마음으로 드론을 이용한 첫 번째 지상 관측을 시작했다.

먼저 드론의 운용을 위해 기체의 자세 교정을 수행했다. 드론에 장착되어 있는 자세 교정 장치가 제대로 작동할 수 있도록 드론을 제자리에서 수평과 수직으로 회전하여 관성측정장치IMU를 초기화하고, 3차원 공간에서의 움직임 측정이 잘 되도록 하였다. 또한 통신 점검과 함께 무인기 자동 운항을 위해 컴퓨터를 점검하였다.

이륙에 필요한 점검을 여러 번 수행하고, 컴퓨터에 무인기의 이동 반경과 속도, 관측촬영 주기를 입력했다. 이륙 신호를 보내기 위해 컴퓨터의 키보드에 손가락을 올린 뒤, 칠레 공군기지에 무인기를 이륙시키겠다는 무선을 보냈다. 키보드를 누르는 순간 8개의 프로펠러가 회진하며, 설정해둔 높이까지 무인기가 상승했다.

그 순간 머릿속에 지난 2년 간의 준비 과정, 무인기를 이용하기 위해 사전 단계로 수행했던 연구들이 차례로 떠올랐다.

하지만 곧, 차가운 공기와 간혹 불어오는 강한 바람 때문에 배터리의 가용 시간이 줄어들 것이라는 생각이 들었다. 컴퓨터에서는 배터리 잔량을 표시해 주었다. 이륙 지점으로 돌아오는 데까지 필요한 시간과 거리를 계산하여 컴퓨터에서 배터리의 상태를 경고해 준다.

이렇게 친절한 시스템이 갖추어져 있는데도 불구하고, 배터리 소모에 대한 걱정이 계속되었다. 이륙 후 10분 정도의 시간이 흐른 후 이륙 자리로 돌아오라는 명령을 컴퓨터를 통해 보냈다. 똑똑한 드론이 진행하던 임무를 중단하고 제자리로 빠르게 돌아와 이륙 지점과 거의 일치하는 장소에 착륙을 준비하고 있었다.

그런데 착륙 지점 부근에서 드론이 갑자기 나선형으로 회전하며 자세 제어가 되지 않기 시작했다. 순간 식은땀이 흐르기 시작했지만, 빠르게 드론의 비행 동선을 따라 시선을 옮겨 가며, 사람이나 건물이 있는지를 살폈다. 추락의 경우 예상되는 인명 피해나 구조물 파손을 걱정해서였다.

아니나 다를까 움직임이 불안하던 드론이 갑자기 한쪽으로 기울어지면서 나선 운동을 하며 추락하기 시작했다. 그러고는 곧 쾅 소리를 내며 시선에서 사라졌다. 급히 추락 지점으로 뛰어갔다. 다행히 사람들이 없는 컨테이너 창고 모서리에 부딪힌 듯, 드론은 만신창이가 되어 재사용이 불가능한 상태로 뒤집어져 있었다.

극지과학자가 들려주는 드론 이야기

2014년 1월 9일 오후 2시경에 생긴 일이다.

아, 정말 아무런 생각도 할 수 없는 찰나 같은 시간이 흘렀다. 이래서 어느 원로 과학자가 2년 전 연구비 지원을 거절했구나 하는 자책이 섞인 생각이 들었다.

하지만, "엎지른 물은 되담을 생각하지 말고, 빨리 치운 후 다시는 엎지르지 않도록 하자."는 평소 신념대로, 파손된 동체를 회수해 실험실로 돌아갔다. 그냥 부끄러울 뿐이었다. 아무 말 없이 보조로 가져간 두 번째 드론을 세팅하기 시작했다. 주변 사람들은 아무 일 없었던 것처럼 행동하는 나의 태도에 오히려 어리둥절해 하는 것 같았다.

컨테이너가 드론의 자력계에 영향을 준 것으로 추정

두 번째 드론을 준비하면서도 머릿속에서는 왜 그랬을까 하는 생각이 가득했다. 시험 비행도 성공했는데, 왜 첫 번째 실전에서 이런 일이 생긴 건지 도무지 알 수가 없었다.

당시 포르투갈에서 온 과학자들이 있었다. 나와 함께 몇 년째 남극에서 공동연구를 하는 동료들이었다. 이들도 소형 드론을 이용해서 지상의 암석을 관측하는 일을 하고 있었다. 이들과 함께 첫 번째 드론이 추락한 일에 대해 고민하다가, 대략적인 이유를 추정할 수 있었다.

이유는 이랬다. 드론은 자동 비행을 할 때 지구 표면의 지기장을 탐지하면서 자세를 교정한다. 남극에는 금속으로 된 구조물이 거의 없다. 그

우리나라 최초의 남극 관측용 드론이 파손되었다. 자동 비행 중 주변 금속 건물에 의해 자동 항법 자기계의 오류로 추정되는 추락 사고였다. (2014년 1월 9일 오후 2시 전후)

런데 기지 근처에는 금속으로 된 컨테이너들이 있었다. 컨테이너가 드론 의 관성측정장치에 들어 있는 자력계에 영향을 줘서 기체의 자세에 오류 가 생길 가능성이 있었다.

포르투갈 동료들도 기지 근처에서의 비행에 어려움이 있어 자력계를 이용해 자력을 측정했다고 했다. 그러면서 그들은 기지 근처에서 자동 비행을 하지 않고, 수동 조작으로 낮은 고도에서 최대한 천천히 주의해서 비행을 한다고 했다.

　한국에서 드론 교육을 받을 때까지만 해도 어느 누구도 이런 상황을 예측하지 못했다. 경험 부족 때문이었다. 첫 시험 비행은 반자동으로 간단히 수행했으니 이런 일을 겪지 않았던 것이다. 값진 교훈을 얻었다. 하지만 극지에서의 1호 드론은 그렇게 사라졌다.

극지과학자가 들려주는 드론 이야기

남극 최초로 운용한 드론으로 찍은 남극 세종과학기지 주변. 자동 비행을 하는 동안 일정한 간격으로 영상을 자동 획득했다. 획득된 영상이 한 장의 그림처럼 보이기 위해서는 합성을 해야 한다.

자세 교정을 위한 장치

관성측정장치IMU : Inertial Measurement Unit

드론의 3차원 움직임을 측정하는 장치로 가속도계와 회전속도계^{자이로}스코프, 그리고 자력계로 구성되어 있다.

자동 비행을 위한 장치

관성항법장치INS : Inertial Navigation System

관성측정장치로부터 얻은 가속도, 각속도를 이용해 드론의 속도, 자세, 각 등 위치를 분석하는 시스템이다. 관성측정장치가 초기의 위치 정보를 기록하고 있기 때문에 외부의 신호 없이 드론의 위치와 자세를 알 수 있다. 하지만 초기 위치에 대한 상대적 거리를 계산해 내는 장치로 실제 공간에 대한 좌표는 GPS의 도움을 받아야 한다.

드론을 이용한 지상 관측은 여러 장의 사진을 일정한 간격으로 찍어서 하나인 것처럼 합성하는 기술을 사용한다. 사실 드론을 이용한 자연 과학 조사는 수집한 영상들을 합성하는 기술이 핵심이다. 지금은 합성을 어느 정도 자동으로 해주는 고가의 컴퓨터 프로그램이 많이 만들어져 있지만, 2014년 당시에는 많은 부분을 연구자가 직접 수행해야 했다.

드론을 이용한 과학 관측은 일반 촬영과 다르다. 일반 촬영은 빛의 변화를 생각하며 카메라에 담을 영상이 얼마나 아름답게 나올 수 있느냐가 목적이지만, 과학 탐사는 하늘에 있는 인공위성에서 지상을 하나의 사진처럼 관측하듯이 넓은 범위의 지표를 자세하게 기록하는 게 목적이다.

물론 드론을 높이 띄우면 지상의 관측 면적이 넓어져 여러 장의 사진이 필요 없기도 하다. 하지만 이 경우에는 한 장의 사진에 기록된 영상의 해상도가 낮아지기 때문에 정밀한 지상 관측이 어렵다. 물론 인공위성에 장착된 카메라들처럼 높은 고도에서도 지상을 수 센티미터 해상도로 볼 수 있는 고가의 대형 카메라가 있다면 불가능한 것도 아니다. 그러나 드론의 관측 고도는 카메라의 해상도뿐만 아니라 카메라가 한 번에 촬영할 수 있는 범위와도 관계가 있다. 카메라에 달린 렌즈의 굴곡에 따라 조금 더 넓은 범위를 촬영할 수 있지만, 카메라 렌즈 중심으로부터 거리가 멀어지는 가장자리 부분은 영상의 왜곡이 심하게 일어난다. 비용 대비 최고의 성능을 발휘하기 위해 드론을 사용한다는 목적을 기억한다면, 고가의 좋은 장비에 대한 생각은 잠깐 접어 두자.

실패를 딛고 22번의 성공적인 비행에 성공

사고 다음날. 좀더 조심스럽게 드론을 운용하기 시작했다. 이번에는 기지에서 30분 쯤 떨어진 거리에서 시작했다. 첫 번째 사고에서 얻은 교훈 덕분이었다. 자동비행 프로그램에 따라 이륙한 드론이 지상에서 100m 상공을 비행하며 정해진 위치마다 사진을 찍었다.

어느새 첫 번째 실패는 머릿속에서 사라지고 있었다. 똘똘한 드론은 진행하던 임무를 중단하고 제자리로 빠르게 돌아와 이륙 지점과 거의 일치하는 장소에 착륙한 후 프로펠러를 자동으로 멈췄다.

음…. 긴 안도의 한숨이 나왔다. 그리고 몇 가지를 생각했다.

'믿을 만한 녀석이군! 몇 년의 이론적 준비가 이렇게 완벽하게 수행되다니, 정말 즐거워!'

이렇게 멋진 녀석을 왜 진작 사용하지 못했을까? 사실 몇 년 더 일찍 드론을 운용할 계획을 세우긴 했었다. 국내외에서 비행기를 이용한 관측 장비 개발이 한창 진행되고 있기는 했으나, 주로 날개가 고정되어 있는 군용 드론을 경량화한 비행기였다. 고가였고, 관측 장비센서 부분은 아직 준비가 덜 된 상태였다.

그 무렵 무인기 활용을 위한 연구비를 신청했다가 거절당했다. 이유는 성공에 대한 보장이 없는데 어떻게 연구비를 지원해 줄 수 있냐는 어느 원로의 생각 때문이었다.

지금 생각하니 원로의 말씀도 이해가 간다. 하지만 그것은 과학자의

드론을 이용하여 한국 최초로 남극 바톤 반도를 관측하고 있는 필자. 자연이 보존되어 있는 남극 환경이기 때문에, 교통편과 이동을 위한 길이 없다. 쌓여 있는 눈길을 헤치며 관측을 위해 중간에 지정해 둔 지점까지 드론을 직접 짊어지고 이동한다.

마음이 아니라고 생각한다. 시행착오는 늘 과학과 함께한다. 다만, 최소의 시행착오를 위해 탄탄한 이론적 배경과 치밀한 준비가 필요할 뿐이다. 그래야 발전이 있다. 현대의 빛나는 과학은 모두 그런 과정을 통해 이루어진 것이다.

다시 드론 이야기로 돌아가자. 첫 번째 비행을 통해 자신감을 되찾은 후, 두 번째는 좀더 촘촘히 더 많은 시간을 비행할 수 있도록 프로그램을 수정했다. 그리고 이후 장소를 옮겨 다니며 여러 차례 성공적인 비행을 수행했다.

드론에 장착된 카메라는 태양빛에 반사되어 오는 지상 목표물들의 빛을 측정하는 것이다. 빛의 양이 줄어들면 자료의 질이 떨어진다. 그래서 해가 기울어지자 첫째 날 관측을 마무리했다.

세종과학기지까지 약 2시간의 거리를 걸어가는 동안 무거운 장비로 인한 피로도는 하나도 없었다. 성공적인 관측에 대한 기쁨으로 발걸음이 가볍기만 했다.

둘째 날부터는 용기를 내서 첫째 날 가보지 못한 먼 곳까지 이동하여 드론을 운용했다. 총 22번의 성공적인 비행. 여러 번의 성공으로 자신감을 얻어, 바람의 세기에도 어느 정도 감각이 생겼다. 관측 거리를 좀더 넓혀 바톤 반도의 모든 모습을 담고 싶은 욕심에 매번 드론을 더 멀리 날렸다.

바닷속으로 빠져 버린 두 번째 드론

둘째 날 준비해 간 배터리가 거의 다 사용될 무렵, 드론은 필자와 가까운 위치에서 비행하고 있었다. 하늘을 스스로 날고 있는 드론을 바라보고 있는데, 이상한 움직임이 감지되었다. 분명 배터리가 아직 남았는데, 드론이 제자리에서 움직이지 않고 있었다(호버링 상태). 처음에는 바람이 강해서 자세를 유지하기 위해 그런다고 생각했다. 호버링으로 배터리를 소비했기 때문에 배터리 교체를 위해 비상 조종으로 바꿔 드론을 착륙시켰다. 그런 뒤 이것저것 점검해 보았으나, 별 이상이 없었다.

극지과학자가 들려주는 드론 이야기

다시 비행을 시작했다. 이번에도 움직임이 좀 이상했다. 움직이지 않거나, 진행해야 할 방향을 잊어버리고 이리저리 기우뚱대면서 한곳을 빙빙 돌기만 했다.

드론이 추락할 것 같은 느낌에 긴급 호출을 통해 회수했다. 갑자기 긴장이 되면서, 첫날의 실패가 떠올랐다. 깔끔하지 않은 마지막 비행을 정리하고 무거운 마음으로 기지로 돌아왔다.

기지에 도착한 뒤 장비를 이리저리 점검하고, 혹 모터에 수분이 들어가 성능 저하가 생겼을까, 준비해 간 보조 모터로 교체를 했다. 별 이상이 발견되지 않아, 다음날을 기약하며 하루를 마무리했다.

이후 일기 변화 때문에 며칠을 기지에서 보내야 했다. 그러던 어느 날, 점심시간 무렵 기상 상태가 호전되었다. 시간에 쫓기는 마음에 점심도 먹지 않고 기지 주변에서 비행을 다시 시도했다.

남극 세종과학기지는 체류 시간을 정하고 방문한다. 항공편이 제한적이기 때문에 일정을 변경하기가 쉽지 않다. 그 무렵 한국으로 돌아오는 날이 가까워지고 있었고, 예상한 관측 범위는 다 못 채웠기에 마음이 급했다.

관측 위치를 컴퓨터에 입력한 후 드론을 띄웠다. 그런데 서너 번의 성공적인 관측 후, 기체가 갑자기 심하게 요동치기 시작했다. 그러다 큰 원형을 그리며 기지 앞 바다를 향해 곤두박질치기 시삭했다. 신급히 수동 모드로 전환 후, 기체의 랜딩기어가 바다에 빠진 상태에서 간신히 드론을 이륙시켰다. 하지만 해수면에서 줄어든 양력과 파도에 의해 곧 기체는 바닷속으로 빨려들어가 버렸다.

아…. 이번 일도 너무 순식간에 일어났다.

"아!"라는 소리만 낼 뿐, 아무런 생각도 느낌도 없었다. 모두 점심을 먹고 있어서, 드론이 바다에 가라앉는 모습을 본 사람은 아무도 없었다. 식사가 막 끝난 월동 대원들에게 부탁해서 드론을 수색했다. 기지에 있는 고무보트와 잠수부를 동원해 3일을 수색했으나 드론은 찾을 수 없었다. 빠른 조류에 의해 어디론가 떠내려간 것이다. 그 드론은 아직도 남극 바다 어느 곳에 잠자고 있을 것이다.

당시 드론 1대의 가격이 경차 1대 정도의 가격이었다. 이렇게 호기롭게 시도한 연구가 내 눈에서 사라졌고, 나는 자신감을 잃어버렸다.

지구 자기장이 원인이었을 줄이야

두 번째 경험한 드론의 이상 행동과 추락의 이유를 생각해 보았다. 지금은 헛웃음만 나오는 내용이지만, 그때만 해도 경험이 없어 몰랐던 사실이다. 극에 가까운 지역일수록 지자기, 그러니까 지구 표면에 만들어지고 있는 자기장의 방향이 지구 자전에 영향을 받아 휘어져 있다. 세종과학기지가 있는 남위 62도 부근은 계절에 따라 약간의 차이가 있지만, 약 10~15도 정도 동쪽으로 휘어져 있다.

이것이 드론의 자동 항법을 책임지는 장치에 영향을 준 것이다. 드론

은 관성측정장치IMU에 지자기 방향을 기억해 두면서 자동 비행을 한다. 그런데 실제 자침이 가리키는 남쪽의 방향과 남극 세종과학기지에서의 지자기가 가리키는 남쪽의 방향은 다르다. 그러니 드론이 방향을 잃어버릴 수밖에.

자력계에서 지자기 감지에 심한 오류가 생기면 드론이 뒤집어져 떨어

세계자기모델 World Magnetic Model

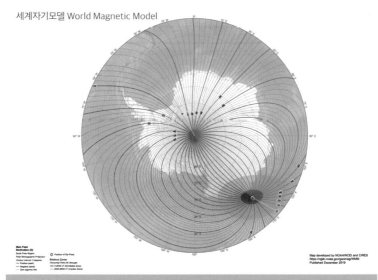

그림 21

남극 지자기 분포도. 한반도와 다르게 남극의 지자기 분포는 그림과 같이 일정한 각도로 휘어져 있다. 남위 62도 부근에 있는 세종과학기지에서는 자침이 가리키는 남쪽 방향이 약 10~15도 정도 동쪽으로 휘어져 있다.

지는 데스롤deathroll이라는 현상이 발생하기도 한다. 남극에서 필자가 목격한 두 번의 사고가 데스롤 현상과 유사했다. 드론이 갑자기 뒤집어질 듯 좌우로 기울어지면서 나선형 비행을 하며 추락했다.

또한 무인기의 자동 항법에는 GPS가 중요한 역할을 한다. 3차원 공간 정보를 주기 때문에 항공기의 위치 좌표와 고도를 알 수 있다. GPS 위성은 남북 방향으로 55도 기울어진 궤도로 지구를 회전한다. 극에 가까워질수록 신호가 약하다.

지금은 드론의 성능이 매우 개선되어, 지자기 방향이 자동으로 보정된다. 또한 GPS 이외에도 GLONASS, Galileo 등의 다양한 위성항법 시스템을 이용하기 때문에 드론의 활동 범위가 극 방향으로 조금 더 확대되었다. 하지만 여전히 극지에서 위성으로 위치 정보를 확보하는 것은 한국 주변에 비해 어렵다.

여기까지가 2014년도 당시 드론 운용에 대해 깊은 생각을 하지 못했던 필자의 좌충우돌 기록들이다.

위성항법 시스템이란 우주에 일정한 거리 또는 시간 간격으로 궤도를 움직이는 수십 개의 인공위성을 이용한 전파항법 시스템을 말한다. 인공위성에 보내는 신호가 수신기까지 도달하는 데 걸린 시간(거리로 환산)을 측정하여 수신기의 위치와 위치에 따른 시간을 설정할 수 있다.

GNSS 중 대표적인 것이 미국의 군사 위성인 GPSglobal positioning system 위성이다. 이외에도 러시아의 GLONASSglobal navigation satellite system가 전 지구적으로 가동되고 있으며, 중국의 베이더우beidou(BDS 또는 COMPASS로도 불림), 유럽연합의 Galileo 등이 있다.

GNSS는 드론의 자동 항법에 필수적인 요소로, 초기에는 GPS만을 수신했으나 최근에는 다양한 신호를 수신하여 위치 정보의 정확도를 높였다. 일반적으로 드론은 GNSS 신호가 8개 이상이면 자동 항법 비행이 가능하고, 안정적인 비행을 위해서는 12개 이상 확인되어야 좋다.

GNSS 신호는 위성으로부터 수신되기 때문에 드론 윗부분에서 신호를 받지 못하게 되거나, 신호가 약한 경우, 자동 항법에 큰 문제가 생긴다. 이런 짧은 순간 드론을 안정적으로 움직일 수 있게 하는 센서가 관성측정장치다. 드론의 자세를 일정하게 유지하기 때문에 위성으로부터 신호가 차단되어도 드론의 비행 자세를 유지할 수 있다.

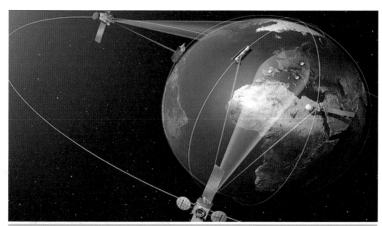

그림 22

위성항법 시스템 개념.

　남극 세종과학기지가 있는 바톤 반도는 가로 세로가 약 4km 거리 규모로 삼면이 바다로 둘러싸여 있다. 세종과학기지는 맥스웰 베이와 마리안코브가 만나는 바톤 반도의 끝자락 모서리의 비교적 평지인 곳에 있다. (그림 11, 그림 16 참조)

　현장 조사를 위해서는 옛말처럼 산 넘고 물 건너 가야 한다. 문명 생활을 생각할 수 없는 곳, 그리고 인간에 의해 자연이 파괴되면 안 되는 곳이다. 길도 없고, 차도 다닐 수 없다.

　반도의 표면은 뾰족하게 부서진 돌들로 덮여 있다. 여기를 걸어 다니면, 보통 한 달에 고급 등산화 하나가 찢어져 나간다.

　겨울에는 눈으로 덮여 있고, 여름철에는 추운 기후에 풍화되어 날카롭게 쪼개진 돌로 이루어진 바닥 사이로 짙은 초록(남극 식물)이 간헐적으로 생긴다.

　세종과학기지를 제외한 야외에서는 취사를 할 수 없다. 그리고 화장실도 없다. 아침에 기지를 출발할 때, 기지 주방장님이 친절하게 점심 대용으로 주먹밥을 만들어 주신다. 여기에 컵라면과 따뜻한 물을 담은 보온병을 준비한다. 쓰레기를 버리면 안 되기 때문에, 음식물 회수용 비닐 봉투도 반드시 챙긴다. 물론 사탕이나 초콜릿 같은 약간의 간식도 챙겨 간다. 연구 장비를 포함한 모든 짐을 배낭에 넣어 가야 한다. 야외 민박을 할 수 없기 때문에 매일매일 기지에서 출발해 기지로 돌아오는 일을 반복한다. 이렇게 현장 조사를 일주일 정도 하면 몸무게가 5kg쯤 빠진다.

　현장 조사를 나갈 때는 반드시 2인 1조로 팀을 구성해야 된다. 남극의 특성상 기지 주변에 덩치 큰 야생동물은 없다. 하지만 험한 지리적 환경과 낮은 기온, 그리고 갑작스러운 일기 변화 때문에 2인 1조로 움직인다.

그리고 가장 중요한 한 가지, 연구자들의 안전을 위해 반드시 무전기와 GPS 위치정보수신기를 가져가야 한다. 기지를 출발할 때, "누구 외 ○명 ○○ 목적으로 ○○ 위치로 현장 조사 출발"이라고 기지의 통신실에 보고를 하고 출발한다. 기지로 돌아왔을 때도 "누구 외 ○명 기지 복귀"라고 무전으로 보고를 해야 한다.

그림 23

바톤 반도 표면에 있는 남극 식물과 뾰족하게 갈라진 돌들로 이루어진 자연환경.

2장

드론, 남극의
식물과 동물을 보다

남극에서 드론을 이용하면 자연환경에 대한 교란을 최소화하면서 남극 식물의 분포를 안전하고 효과적으로 관찰할 수 있습니다. 또한 하늘에서 펭귄의 서식지를 관찰해 인공지능으로 펭귄의 숫자를 셀 수도 있지요. 드론을 이용하기 전 활용했던 헬리카이트와 고정익 무인기에 대한 이야기도 이 장에 소개되어 있습니다.

1. 남극의 식물이 하늘에서 보여요

남극의 여름철인 11월에서 다음해 2월 사이 세종과학기지를 방문하는 과학자들 중에는 식물학자들도 있다. 세종과학기지가 있는 바톤 반도에서는 여름철에 눈이 많이 녹아내린다. 위도가 남위 62도 정도이기 때문에 혹한의 전형적인 남극 환경과는 조금 다르다.

남극에서 살아가는 식물에 대해《극지과학자가 들려주는 남극 식물 이야기》에서 저자 김형석 박사는 다음과 같이 이야기한다.

"영하의 낮은 기온, 오존홀까지 생겨 더욱 강해진 자외선, 뿌리째 뽑힐 정도로 매섭게 휘몰아치는 바람, 물 한 방울 찾기 어려운 건조한 날씨, 남극은 그 어느 것 하나 생명에 호의적이지 않습니다. 하지만 강인한 생명력은 나름의 생존 전략을 마련했습니다. 그래서 남극 식물은 얼지 않고, 마르지 않고, 자외선에 타지도 않고 끈질기게 살아갈 수 있습니다."

그림 24

남극식물: (a,b) 지의류, (c) 선태류, (d) 남극좀새풀, (e) 남극개미자리. (자료 출처 : 극지연구소)

혹한의 환경에 노출되어 자라는 식물은 우리가 흔히 보는 식물들과는 전혀 다른 모습을 하고 있다.

이끼처럼 아주 작은 키를 하고 있으며, 1년의 대부분을 눈 아래에 있다가 여름철 눈이 녹으면 햇빛을 받으며 성장을 한다. 남극 식물은 1년에 겨우 수 센티미터 정도 자라고 있어 변화의 정도가 아주 적다.

식물학자들은 혹한의 기후에서 자라는 남극 식물을 연구하기 위해 바톤 반도를 직접 돌아다니며, 식물의 종류와 각 식물의 공간 분포를 조사한다. 남극에서 식물이 어떻게 자라고 있으며, 왜 특정 지역에 특정한 식물이 분포하고 있는지를 연구하기 위해서다. 날카롭게 쪼개진 돌들로 이루어진 바톤 반도의 표면을 걸어다니며, 육안으로 식생을 조사하는 것은 여간 힘든 일이 아니다.

하늘에서 내려다보는 남극의 식생 분포 연구 시작

2011년 어느 날, 식물학자들과 남극 환경 변화에 대해 논의를 하다가 아이디어 하나가 떠올랐다. 인공위성으로 하늘에서 지상을 내려다보는 필자의 연구가 남극의 식물 연구에 효과적으로 사용될 수 있을 것이라는 생각이 든 것이다. 추운 날씨에 야외를 이동하며 과학자들이 직접 관측한 자료를 바탕으로 지도를 작성하는 데에는 몇 년의 시간이 필요하다. 그러나 하늘에서 바톤 반도를 내려다보면 어떨까? 그래서 조심스럽게 공동 연구를 제안했다.

결국 우리는 바톤 반도의 식생 분포를 효과적으로 관측하기 위해 드론을 사용하기로 했다. 그 무렵에는 아직 드론이 일반화되어 있지 않았다. 즉, 아주 고가의 장비였고, 드론에 장착할 수 있는 소형 센서들도 개발되어 있지 않았다. 그래서 해상도가 좋은 디지털 카메라, 흔히 DSLR이라는 고가의 카메라를 사용하는 것이 가장 손쉽게 드론을 이용하는 관측 방법이었다.

2013년 한국에서 드론을 준비한 뒤, 2014년 1월 드디어 남극 현장 관측을 시작했다. 결론적으로 말하면, 드론을 이용한 남극 식물의 분포 관측은 대성공이었다. 2014년 1월 10일부터 19일까지, 드론을 총 22회 운용했다.

드론의 장점이 짧은 시간 넓은 지역을 관측하는 것인데도 불구하고, 남극이라는 환경은 이러한 장점을 발휘하는 데 제한적이다. 매일매일 바뀌는 기상은 드론을 운용할 수 있는 횟수를 제한했다. 풍속이 강한 날과 눈이 내리는 날은 아무것도 할 수 없었다. 이런 날에는 직접 야외 조사를 수행하는 과학자들의 활동도 중지된다.

하지만 이렇게 날씨가 좋지 않은 날에도 과학자들은 바쁘다. 남극에 체류할 수 있는 시간은 한정적이기 때문이다. 1년에 단 한 번 지구 반대편의 남극을 방문할 수 있다. 그래서 과학자들은 야외 활동이 불가한 날에도 세종과학기지에 준비되어 있는 실험실에서 날씨가 좋은 날 야외에서 수집한 연구 자료를 들여다본다.

극지는 생각보다 바람이 세게 분다. 그래서 풍속을 항상 확인하고, 시속 8m/s 정도 이하일 때 드론을 이륙시켰다. 이륙 후에는 바람이 좀 더 세게 불어도 드론이 견뎌낸다. 대신 강해진 바람에 견디면서 일정 시간과 거리 간격으로 지상의 영상을 수집해야 하기 때문에, 에너지 소모가 많다. 장착된 배터리의 용량 제한으로 한번 이륙하면 보통 10~15분 운용하는데, 바람이 강할 땐 8분 정도 비행을 하다가 남은 배터리 양을 계산해 자동으로 이륙한 위치로 돌아온다.

정말 공상 과학 영화에 나오는 드론과 같다. 혼자서도 아주 잘 움직인다. 이륙과 착륙, 그리고 일정한 간격으로 지상의 모습을 수집하는 것까지 모두 컴퓨터를 이용한 프로그램으로 가능하다.

이렇게 드론은 자동으로 움직이지만, 제일 중요한 것은 드론 운용자의 치밀한 계획이다. 배터리의 잔량을 점검하면서 관측 지점에서 이륙 지점까지 돌아오는 거리에 소모될 에너지양을 계산해 원위치로 돌아오게 해야 한다.

그래서 바람이 강하게 부는 날은 10~15분 범위에서 관측이 가능한 공간을 다 못 채운다. 그런데 드론을 운용하기 위해 하루에 들고 나갈 수 있는 배터리 수가 제한적이다. 전기가 없는 오지이기 때문에 몇 회분의 배터리 세트를 미리 배낭에 짊어지고 가야 한다. 보통 5회분의 배터리, 즉 10개 정도를 들고 나가면 최대 운용이 1시간 정도이다.

그래서 배터리의 효율을 높이기 위해, 드론의 이륙 지점을 옮겨가면서 운용한다. 보통 이륙 지점 간 이동이 30분에서 1시간 정도이기 때문에, 기지에서 최대 거리에 있는 지점에서 운용하는 날에는 이동 거리만

2시간 이상이다.

무릎 깊이만큼 눈이 쌓인 길을 2시간 정도 걸어간다는 것은 매우 힘든 일이다. 남극에서 처음 현장 조사를 할 때는 하얀 눈이 좋아 눈이 있는 곳만 골라 걸었다. 그러다 곧 깨달았다. 눈 위를 걸어 다니는 것이 쉬운 일이 아니라는 것을. 그래서 두 번째 날부터는 신발에 덧대는 설피를 준비하고, 가급적이면 눈이 없는 경로를 이용하기 시작했다.

매일매일 날씨를 확인하고, 날씨가 좋으면 드론과 배터리, 그리고 컴퓨터를 짊어지고 야외로 나갔다. 드론 이륙 전에는 칠레 공군기지에 운용 계획을 미리 보내 비행기 항로에 방해가 되지 않게 하는 것도 잊지 않았다.

영하의 날씨에 강풍이 간혹 불지만 드론 운용을 마치고 기지로 복귀하면 온몸은 땀범벅이 되어 있었다. 이렇게 해서 10일 정도의 기간 동안 22번의 드론 운용을 마쳤다.

촬영보다 중요한 합성, 맵핑

드론을 이용하여 지상을 관측한 여러 장의 사진을 찍은 후에는 그 사진들이 하나인 것처럼 합성해야 한다. 이러한 과정을 통해 한 장의 정밀한 자료를 만드는 것을 드론 맵핑mapping이라고 한다.

맵핑에서 가장 중요한 것은 영상의 합성을 위해 이웃 영상들 사이를 중복되게 촬영하는 것이다. 맵핑의 원리가 각각의 영상에서 유사한 지점을 찾아 하나의 영상으로 교정하는 것이기 때문이다. 그런데 남극의 경우 지표면이 눈이라 정확히 구분되지 않는 경우가 많다. 또한 지표의 고도가 일정하지 않기 때문에 드론을 일정한 해수면 고도에 따라 운용할 경우 획득된 영상의 크기와 해상도가 다 다르다.

그래서 양질의 맵핑된 영상을 만들기 위해서는 이웃한 영상 간 중복도를 높여야 한다. 필자는 드론의 진행 방향은 70%, 인접 라인은 30% 정도의 범위를 갖는 중복도로 영상을 수집했다. 이때 운용 고도는 해발을 기준으로 100m였다. 획득한 영상이 가지는 해상도는 3cm, 그리고 영상의 크기는 평균 150m×100m 정도였다.

22회의 드론 운용을 통해 총 1,512장의 영상을 수집했다. 그림 25는 22회의 드론 운용을 통해 수집한 지상의 면적과 영상 간 중복도를 보여 준다.

사실 드론 운용보다는 드론 맵핑에 많은 기술과 노력이 들어간다. 그러나 요즘은 드론 맵핑이 많이 수월해졌다. 심지어 일반인들도 몇 장의 영상을 이용하여 합성하는 데에는 어려움이 없도록 무료 프로그램이 많이 제공되고 있다.

하지만 과학 연구 등 정밀한 지표 조사를 할 때에는 영상의 수가 많다. 그래서 영상을 획득하는 동안, 태양 고도의 변화나 구름이 지나가는 경우가 많이 발생한다. 태양 고도가 변하면, 지상에 그림자의 방향과 길이가 변하기 때문에 영상 합성에 어려움이 있다. 구름이 지나갈 때도, 영상의 밝기에 영향을 준다.

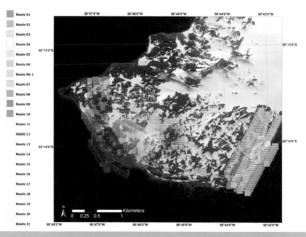

남극 세종과학기지가 있는 바톤 반도에서 2014년 1월 10일부터 21일까지 드론을 이용하여 촬영한 지점들. 총 22회의 비행을 성공적으로 수행했다. 남극의 일기는 매일매일 바뀌기 때문에 연속적인 관측이 쉽지 않다.

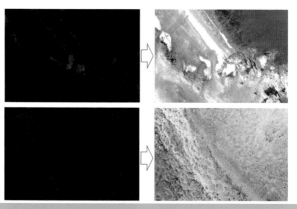

드론으로 관측한 영상을 합성하기 위해 영상 간 밝기 차이를 보정한 예.

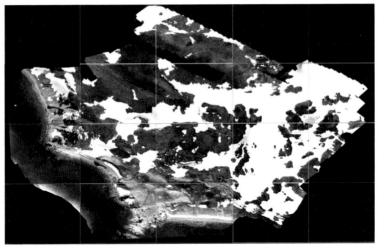

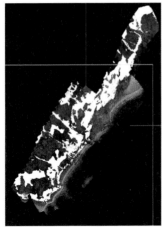

드론으로 수집한 여러 장의 영상을 한 장의 영상으로 합성하는 과정(정사영상 전처리). 각 영상이 가지는 해상도 차이를 최소화하고, 하나의 영상처럼 연결하기 위해 영상들 간의 합성을 수행한다. 드론 맵핑을 완성하기 위해서는 실제 합성된 영상의 위치와 공간이 정확해야 한다. 이를 위해 지형도 자료를 이용하여 위치 정보를 보정한다.

맵핑은 자세히 설명하지 않겠다. 복잡한 과정이라, 이 책의 목적에 벗어난다고 생각된다.

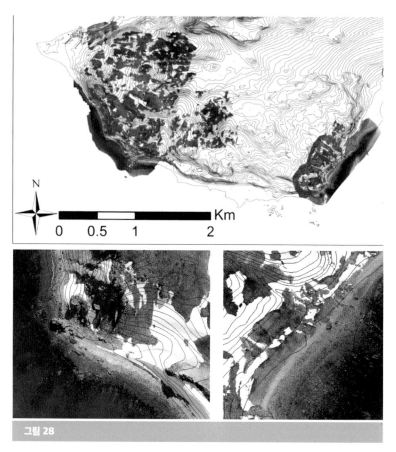

그림 28

합성된 영상의 공간 위치 정보의 정확도를 높이기 위해 수치지형도를 사용해 영상의 위치 정보를 보정한다. 해안선과 등고선을 이용하여 최종 생산될 영상의 공간 정보를 보정한다.

드론을 이용하여 남극 식물의 분포를 연구하기 위해서는 식물 집단이 분포하고 있는 위치의 차이를 파악해야 한다. 또한 특정 식물이 분포

극지과학자가 들려주는 드론 이야기

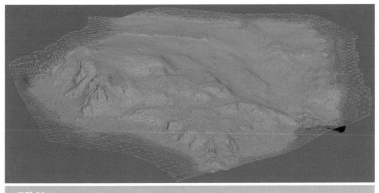

그림 29

수치지형도, 한 공간에 대해 다른 각도로 관측한 영상(스트레오 영상, 사람의 눈이 2개이기 때문에 거리를 확인할 수 있는 원리와 같다)을 이용하여 수치지형도 모델DSM$^{Digital Surface Model}$을 생성한다. 필자의 연구에서는 영상 간 중첩 부분을 높여 획득한 영상으로부터 스트레오 영상을 추출했다.

하는 공간이 다른 식물이 분포하는 공간과 어떻게 다른지도 살펴봐야 한다. 예를 들어 왜 연안 쪽에는 식물이 많이 분포하는지? 특정 식물은 왜 골짜기에 분포하는지? 같은 것들 말이다.

남극의 경우는 수분이 얼마나 잘 제공되는지와 성장을 위해 태양빛 그리고 영양분이 얼마나 제공되는지가 주요한 요인이 된다. 즉, 눈이 태양에 의해 녹기도 하지만, 해양에서 부는 바람에 의해 눈이 쌓이지 않는 경우도 있다. 또 계곡을 따라 눈 녹은 물이 흐를 때 계곡 주위로 식물이 자라기도 한다.

그래서 남극 식물의 분포와 그 이유를 설명하기 위해서는 공간 정보,

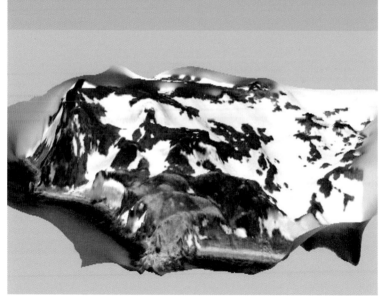

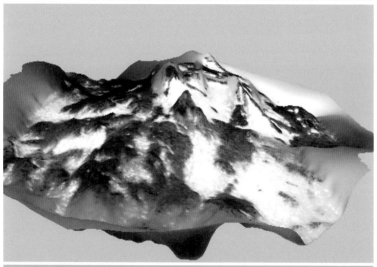

그림 30

입체 영상, 남극 식물의 공간 분포를 입체화하여 확인할 수 있다. 여러 장의 사진을 합성한 영상과
수치 지도 모델을 합성하여 입체 영상을 생성한다.

극지과학자가 들려주는 드론 이야기

특히 지형 정보와 위치 정보가 매우 중요하다. 그런데 드론으로 수집된 영상은 사진이기 때문에 입체적으로 보이지 않는다.

이때 해발 고도 정보를 가지고 있는 수치지형도를 이용하면, 드론에서 수집한 영상을 입체화할 수 있다. 수치지형도가 없는 경우에는 여러 장의 영상을 이용한 입체화 기법을 사용하기도 한다. 하지만 이 경우는 상대적인 고도는 알 수 있지만, 절대 고도는 계산하기 어렵다. 육상에서 라이다LiDAR라는 계측기를 사용하면 수치지형도가 없는 남극과 같은 곳에서도 상당히 정확한 입체 영상을 구현할 수 있다.

현재는 초분광 센서를 활용해 보다 정밀한 연구 진행 중

드론에서 수집한 영상으로 색감의 차이가 두드러지게 관측된, 4종의 남극 식물의 공간 분포를 구분하였다. 그림 31은 드론으로 수집한 영상을 입체화한 지도 위에 서로 다른 색으로 남극 식물의 분포를 표시해 구분한 예이다. 사실 색감은 태양 빛에 따른 변화에 민감하다. 또한 필자가 이용한 영상의 공간해상도가 3cm라는 것을 감안하면, 하나의 공간해상도에서 여러 가지 색이 섞여 카메라에 기록될 수 있다. 즉, 3cm보다 큰 식물은 단일 색상으로 어느 정도 정확한 구분이 되지만, 그 이하는 여러 식물의 색이 혼합된 상태일 수 있어 정확한 구분이 어려울 수 있다는 것이다.

식물의 공간 분포를 정확히 구분하기 위해서는 각 식물이 나타내는

그림 31

합성 영상을 이용하여 추정한 남극 식물 분포. 그림에서 4가지 종류의 색으로 서로 다른 남극 식물의 분포를 추정하였다. 4가지 종류의 남극 식물은 그림 아래에 보이는 것과 같다.

광학 특성을 정확히 관측해야 한다. 하지만 아쉽게도 이 자료가 만들어질 당시에는 남극 식물의 세밀한 광학 특성을 측정할 수 없었다. 고해상도의 일반 카메라를 이용했기 때문에, 지상의 가로, 세로가 3cm×3cm인 점 안에서의 색상 차이로 식생을 구분하였다. 다행히도 식물은 대부분 군집을 이루고 있기 때문에 공간 분포 파악이라는 목적을 달성하는데에는 무리가 없었다.

식물의 종을 세분화하거나, 태양 고도에 따른 식물의 생장 정도 등을

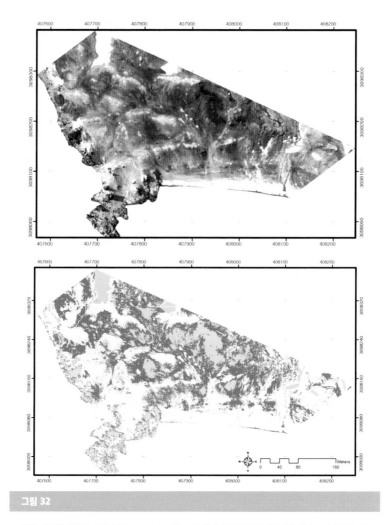

그림 32

항공 사진을 이용한 식생 분류. 2016년 12월 31일 헬기에서 촬영한 세종과학기지 주변 영상을 합성해서 지표 식생을 분류하였다. 식물의 종류를 구분하기보다는 식생(초록색 계열의 색을 가진 식물 가정)의 통계적 분류(유사한 색들의 묶음)로 보면 된다.

파악하는 게 현재 진행 중인 연구이다. 최근에는 초분광 센서라고 하는, 색의 분해 능력이 뛰어나고 해상도가 뛰어난 센서들이 많이 개발되어 있다. 필자도 초분광 센서를 사용하여 식물을 정밀 구분하는 연구를 진행 중이다.

시행착오를 통해 개선점 찾아

매년 같은 시기에 드론을 운용해 바톤 반도의 식물 변화를 연구하고자 했던 계획은 생각대로 이루어지지 않았다. 바톤 반도 전체 공간을 모두 관측하지 못했기 때문이다.

하지만 첫 번째 시도를 통해 보다 개선된 두 번째 조사를 준비할 수 있었다. 두 번째 조사를 위해 개선되어야 할 점들은, 변덕스러운 기상의 변화에 대처하기 위한 조사 일정 계획 확대, 배터리 수명 제한에서 오는 하루 탐사 가능 횟수 극복, 남극 지자기장의 특성에 대비하기 위한 드론 구조와 자동비행법 개선, 그리고 드론을 포함한 장비를 짊어지고 가는 방법 개선 등이 꼽혔다.

어디에나 시행착오는 있다. 특히 아무도 해보지 못한 일을 할 때는 더욱 그렇다.

극지과학자가 들려주는 드론 이야기

과학 연구에는 언제나 시행착오가 따른다. 하지만 새로운 도전을 위해서는 그런 준비 과정이 반드시 필요하다. 2014년 첫 드론을 날리기 전에도 다양한 방법의 선행 연구를 진행했다. 2012년도에 시작한 선행 연구는 헬륨 가스를 채워 공중에 띄울 수 있는 풍선을 남극에서 운용하는 것이었다.

헬륨이 든 풍선을 이용하는 것도 하늘에서 지상을 보기 위한 방법 중 하나이다. 당시 영국에서 개발된 헬리카이트HeliKite라는 풍선이 있었다. 헬륨을 채우는 풍선과 날개가 달린 연을 결합한 아이디어 제품이었다. 일반적으로 헬륨을 채운 풍선은 바람이 불면 바람의 힘에 의해 지상으로 기울어져 내려온다. 그런데 남극은 바람이 아주 세다. 그래서 연카이트이 달려 있으면 바람을 맞을수록 일정한 고도로 올라가는 현상을 이용한 헬리카이트는 남극에서 사용하기에 제격이었다.

하지만 지상의 모습을 반듯하게 촬영하기 위해서는 무언가 방법을 찾아야 했다. 2012년 용산 전자상가를 뒤져서 헬리카이트에 사용할 수 있는 짐벌을 구했다. 짐벌은 카메라가 흔들리지 않도록 잡아주는 장치를 말한다. 남은 건, 공중에서 촬영된 영상을 지상으로 실시간 보내주는 도구. 이것 역시 용산 전자상가의 보안 감시 카메라를 전문적으로 다루는 곳에서 간단한 제품을 주문 제작했다.

헬리카이트는 드론보다 가볍고 부피가 작아, 남극 연구에 최적이라 생각했다. 하지만 헬륨을 운송해야 하기 때문에 일이 복잡해졌다. 칠레의 남쪽 끝 푼타아레나스에는 극지연구소를 도와주는 현지 업체가 있다. 그

곳에 급하게 부탁해서 헬륨 가스를 몇 통 마련했다. 푼타아레나스도 칠레의 수도 산티아고Santiago에서 비행기나 배로만 이동이 되는 오지이다. 그곳에서 많은 비용(한국에서 구입하는 비용의 3배 이상)을 지불하고 헬륨 가스를 준비했다. 정말 많은 경험을 했다.

두 번째 현장 조사인 2013년에는 첫 해의 시행착오를 피하기 위해 한국에서 아라온호가 남극 세종과학기지로 보급품을 실어갈 때 미리 배에 헬륨 가스를 보냈다. 아라온호의 한국 출발은 보통 10월경이기 때문에 두세 달 전에 모든 계획을 세워 헬륨 가스를 실어 보내야 하는 문제가 있었지만, 미리 준비해서 보냈다.

헬륨 가스를 가득 넣은 헬리카이트는 생각보다 좋은 그림들을 우리에

그림 33

남극 세종과학기지에서 헬리카이트 이륙을 준비 중인 필자. 헬륨 완충 후 카이트 확인 및 짐벌 설치 장면.

게 주었다. 하지만 이동이 어려웠다. 이동을 위해 생각해낸 것이 필자의 허리에 묶고 다니는 것이었다. 덕분에 당시 함께했던 연구자에게 잠시나마 웃음이라는 것을 선물할 수 있었다.

헬륨이 들어간 헬리카이트는 바람이 많이 부는 날 가끔 사람을 들어 올릴 수 있는 양력을 가지기도 한다. 그래서 한 번씩 달에서 걸어다니는 사람들처럼, 오르막길을 둥둥 떠다니며 오르기도 했다. 그럴 때면 몸에서는 식은땀이 났다. 혹 내 발이 땅에 닿지 않는 건 아닐까 하는 생각 때문이다. 원격탐사라는 세련된 주제가 이렇게 어설프고 고생스러운 모습의 현장 조사로 진행된다는 것을 보여주는 시간이었다.

이러한 고생의 결과는 대만족. 하지만 여기서 멈출 수는 없었다. 그래서 2년의 헬리카이트 운용을 마무리할 드론을 준비했다. 그렇게 2014년 1월 새로운 시행착오가 시작되었다.

그림 34

남극월동대의 도움으로 시험 비행 중인 헬리카이트. 많은 분들의 도움이 없었으면 불가능했을 뻔한 헬리카이트의 시험 비행이다.

그림 35

세종과학기지에서 짐벌에 카메라가 장착된 헬리카이트를 공중에 띄워 운용하는 장면이다.

그림 36

헬리카이트를 허리에 묶고 바톤 반도를 돌아다니는 필자의 모습.

그림 37

헬리카이트에 장착된 카메라에서 수집한 영상 3장을 합성한 세종과학기지 주변의 모습이다.

동체에 날개가 고정되어 있는 무인기를 말한다. 지금까지 설명한 수직 이착륙형 무인기멀티로터는 운용이 비교적 간편하다는 장점이 있다. 하지만 비행 속도와 배터리의 용량으로 인해 운용 시간이 제한적이다. 2014년의 시행착오를 바탕으로 2016년에는 고정익 무인기를 사용했다. 물론 수직 이착륙형을 같이 사용했다.

고정익 무인기 중 이동이 간편하고, 경제적인 기종이 '이비이ebee'이다. 조립형으로 날개를 연결했을 때 약 1m 길이다. 또한 본체가 고압축 스티로폼으로 되어 있어 아주 가볍다. 700g 정도이다. 가볍기 때문에 한번 이륙하면 최대 12km²까지 운용할 수 있는 장점이 있다. 다만, 가벼운 기체 때문에 바람에 아주 취약하다. 이비이에 대한 자세한 설명은 https://www.sensefly.com에서 확인하기 바란다.

남극에서 이비이를 운용하는 목적은 짧은 시간에 넓은 지역에 대한 전체 영상을 확보할 수 있기 때문이다. 가볍기 때문에 무인기를 들고 걸어 다니며 현장 조사를 해야 하는 경우에 최적이다. 또한 한번 이륙하면 운용 가능한 넓이가 크기 때문에, 바람이 약한 날은 짧은 시간에 넓은 공간의 영상을 확보할 수 있다. 이착륙을 위한 활주로가 필요 없다는 장점도 있다. 이륙 때는 종이비행기 날리듯 공중을 향해 던지면 된다. 그리고 착륙 때는, 조금 세련되지 못하지만 그냥 수직으로 툭하고 땅에 떨어진다. 본체가 고압축 스티로폼이라, 낙하에 의한 손상이 거의 없다. 그렇다고 높은 곳에서 바로 떨어지는 것이 아니라, 비행 속도를 최대한으로 줄여 지상 1m 정도 높이에서 살짝 떨어지는 정도이다.

그림 38

고정익 무인기 이비이 : 날개가 비행기처럼 고정되어 있는 무인기를 고정익이라 한다.
2015년 12월부터 2016년 1월 사이의 현장 조사에 투입했다.

그림 39

2016년 1월 남극 반도 상공을 날고 있는 이비이. 본체가 가볍기 때문에 바람이 약한 날 비행에 최적이다. (사진 출처 : 극지연구소 현창욱)

그림 40

이비이를 이용하여 넓고 다양한 형태의 지표를 관측하고 있다. (사진 출처 : 극지연구소 생명 과학부)

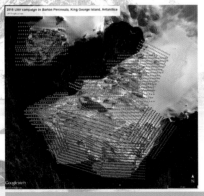

그림 41

이비이의 장점인 기동성 덕분에 바톤 반도의 대부분 지역을 관측하는 데 성공하였다. 2016년 1월 8일부터 14일까지 총 3,698장의 영상을 획득하였다. (이비이 운용 : 극지연구소 현창욱)

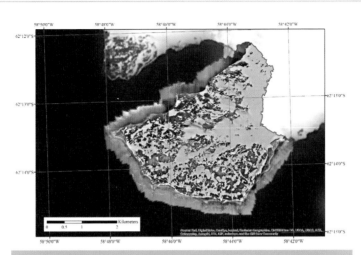

그림 42

3,698장의 영상으로 재구성한 바톤 반도의 정밀 영상. 공간해상도가 5.4cm로 세상에서 가장 정밀한 바톤 반도 표면 영상이다. 순수하게 영상 합성에만 41시간 정도 소요될 정도로 대용량의 영상을 처리하는 기술이 필요하다. (영상 합성 : 극지연구소 현창욱)

　무인기는 하늘을 날며 태양 빛의 강도에 따라 각각의 고유색을 반사하는 지표의 특성을 관측한다. 그래서 무인기에 기록된 영상들은 빛의 차이를 기록한 것이다. 물론, 사진과 같은 영상이 있으니, 사람의 눈으로 세세하게 분석하면 정확한 정보를 얻을 수 있다.

　하지만 과학자들이 무인기를 사용하는 목적은 넓은 공간에 대한 객관적이고 정확한 정보를 빠르게 획득하고, 그때그때의 환경 정보와 함께 기록해서 분석하기 위함이다. 객관성과 정확성은 모든 과학자들이 생각하는 기본적인 개념이다.

　드론을 이용할 때에도 영상에 기록된 색들의 표준화가 필요하다. 또한 기록된 영상이 무엇인지, 예를 들어 어떤 식물인지를 구분하는 기록이 필요하다.

　그래서 식물학자들과 함께 공동연구를 진행한다. 식물학자들은 지상을 걸어 다니면서, 식생에 대한 자세한 정보를 조사한다. 식물학자가 조사한 결과와 드론이 획득한 정보를 비교하면서, 넓은 지역에 분포하고 있는 식물이 시간에 따라 어떻게 변해 가는지 알 수 있다.

그림 43

식물학자들은 방형구를 이용하여 식물의 특성을 조사한다. 일정 공간에 어떤 크기의 식물들이 어떻게 분포하고 있는지에 대한 객관적인 기록이다. 이것은 드론에서 구현가능한 해상도 기준으로 그 해상도의 색에 영향을 줄 수 있는 주변 환경에 대한 자료가 된다. 즉 5cm 크기를 구분할 수 있는 해상도라면, 영상에서 5cm보다 작은 크기의 물체는 구분이 어렵다. 그래서 색의 조합에 대한 객관화가 필요하다. (사진 출처 : 극지연구소 홍순규)

남극 세종과학기지가 있는 바톤 반도의 식생 분포 연구를 위해 야외 조사를 하고 있는 과학자들(사진 출처 : 극지연구소 홍순규).

남극 세종과학기지가 있는 바톤 반도에서 겨울 동안 쌓였던 눈이 녹으며 생긴 물길을 따라 이상 번성을 하고 있는 식물들. 세종과학기지에서 이러한 모습을 발견하는 것은 쉽지 않다. 온난화가 얼마나 진행되는지를 짐작하게 한다. 식물학자들이 물과 함께 샘플을 수집하고 있다. 동시에 휴대용 분광기를 이용하여 초록색 계열의 분광 특성을 기록하고 있다. (사진 출처 : 극지연구소 홍순규)

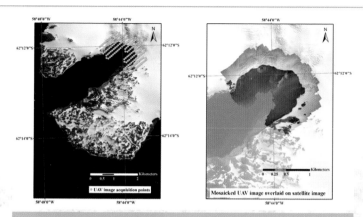

그림 46

드론을 이용한 연구는 지금도 계속 진행 중이다. 2017년 12월부터 2018년 1월 사이 수행된 남극 하계 연구에서 세종기지가 있는 바톤 반도 옆의 마리안 소만marian cove에 있는 빙하가 줄어드는 현상을 자세히 관측하기 위해 드론을 운용하였다. (사진 출처 : 극지연구소 현창욱)

2. 하늘에서 펭귄 숫자를 세어요

남극 환경은 단순한 생태계를 가지고 있다. 먹이 순환이 조금은 단순하기 때문일 것이다. 남극 식물도 종류가 많지 않지만, 동물도 많지 않다.

남극에 살고 있는 동물 중 우리에게 가장 익숙한 것은 펭귄이다. 펭귄은 육지와 바다를 오가며, 남극의 해양 생태계에 중요한 역할을 한다. 독특한 서식 환경과 해양 생태계에 기여하는 역할이 크기 때문에 과학자들의 관심 대상이다.

우리나라 극지연구소에도 펭귄을 연구하는 과학자가 있다. 김정훈 박사는 다년간의 현장조사 경험을 토대로 체계적인 펭귄 연구 기반을 우리나라 최초로 구축하였다. 2012년 무인기를 이용해 남극을 연구할 때, 헬리카이트를 이용한 연구의 시초가 펭귄이었다.

남극 세종과학기지 인근에는 다섯 종류의 펭귄이 서식하고 있다. 그중에서도 세종과학기지 인근에 있는 나레브스키 포인트Narebski Point에 약 2,300여 쌍의 젠투펭귄Gentoo Penguin과 3,000여 쌍의 턱끈펭귄Chinstrap Penguin이 모여 살고 있다. 우리는 이곳을 펭귄 마을이라 부른다.

펭귄 마을은 보존가치가 높기 때문에 2009년 제32차 남극조약협의 당사국회의에서 남극특별보호구역ASPA, Antarctic Specially Protected Area으로 지정되었다. ASPA No. 171. 나레브스키 포인트가 그곳이다. 우리나라가 이곳의 모니터링 및 관리를 담당하고 있다. 자세한 내용은 김정훈 박사의 저서인《사소하지만 중요한 남극동물의 사생활》을 참고하기 바란다.

일명 새박사로 유명한 김정훈 박사와 함께 남극 현장 조사를 하다가 생긴 일이다. 펭귄들을 놀라게 하지 않으면서, 펭귄의 개체수와 그들이 산란한 알의 개수를 확인하는 일을 할 수는 없을까? 우리는 고민했다.

과학 활동 중에서 가장 신경 써야 할 부분이 자연을 교란하지 않는 것이다. 그래서 펭귄 마을을 조사하는 것은 당연히 신경이 쓰이고 힘든 일이다. 하늘에서 소리 없이 펭귄을 볼 수 있는 방법이 최선인데, 그 일에 무인기를 이용하면 될 것 같았다. 펭귄의 개체가 크기 때문에 관측할 센서도 카메라 수준이면 충분히 만족할 만했다. 펭귄 마을의 모습을 하나의 영상으로 기록하고, 그때의 펭귄 수를 확인하면 되는 일이었다.

턱끈펭귄과 젠투펭귄

처음 시작은 헬리카이트에 캠코더를 부착해서 진행했다. 하지만 펭귄 마을은 바람이 많이 부는 언덕에 위치해 있기 때문에 헬리카이트로 관측하기에는 어려움이 있었다. 이후 헬리카이트는 특정한 관측 대상의 펭귄을 일정한 위치에서 고정적으로 관측하는 목적으로 전환했다.

그리고 2014년 우리나라 최초로 멀티콥터multi-copter를 남극에 가져 갔을 때 펭귄 마을을 다시 조사했다. 펭귄은 바쁘게 움직인다. 그리고 과학자들이 펭귄 마을에 들어가면, 아무리 조심을 해도 펭귄들은 낯선 이를 쉽게 받아들이지 않는다. 드론을 운용하되, 드론의 소음이 펭귄 마을

그림 47

필자와 함께 2015년부터 드론 연구를 수행하고 있는 극지연구소 현창욱 박사. 사진은 2019년 12월과 2020년 1월 사이 남극에서 경량화된 무인기인 DJI의 INSPIRE를 운용하기 위해 점검하고 있는 모습이다. 시간이 흘러가며, 무인기는 경량화되고, 센서들은 고급화된다. 물론 비용은 절대적으로 줄고 있다.

에 적게 전달되는 고도에서 관측해야 한다.

그럼에도 불구하고 역시 드론이었다. 하늘에서 본 펭귄 마을은 장관이었다. 30분 이내의 시간에 펭귄 마을을 모두 촬영할 수 있었다.

하지만 드론을 이용한 펭귄 연구는 이제부터가 중요하다. 획득한 드론

그림 49

남극환경보호구역에 서식하는 젠투펭귄 모습(자료 출처 : 극지연구소 김정훈).

그림 50

남극환경보호구역에 서식하는 턱끈펭귄과 젠투펭귄의 분포 모습(자료 출처 : 극지연구소 김정훈).

영상으로부터 펭귄의 수를 확인해야 한다. 움직이는 펭귄들로 인해 영상을 합성하는 것도 쉽지 않다.

그래서 펭귄의 수를 기록하기 위해 특별한 영상 분석법을 개발했다. 일종의 AI인공지능이다. 펭귄의 색을 정의하고, 펭귄이 누워 있거나 서 있는 상태로 다시 세분하였다. 바위와 같은 입체물에 의해 생기는 그늘과 펭귄의 검은색이 혼돈되지 않도록 하는 방법도 생각해 내야 했다.

좀더 남쪽으로, 남극의 더 깊숙한 곳으로 가보자. 남극 장보고기지는 세종과학기지에서도 아주 먼 남쪽에 위치하고 있다. 남위 74도 37.4, 동경 164도 12로, 서울에서 1만 2,740km나 떨어진 곳이다.

장보고기지를 방문하려면, 뉴질랜드나 호주를 경유해야 한다. 극지연구소 과학자들은 일반적으로 뉴질랜드를 경유한다. 보통은 남극 연구를

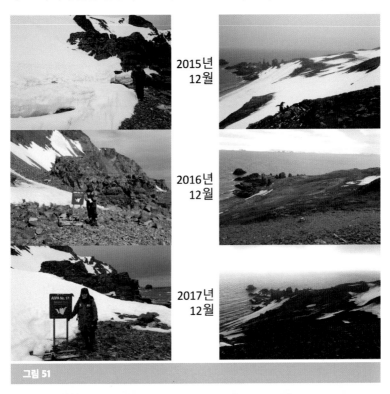

그림 51

남극환경보호구역에서 2015년부터 2017년까지 측정한 12월의 적설량 변화. 남극세종과학기지에 있는 펭귄 마을에 쌓이는 눈의 변화 모습. 매년 남극을 방문하는 김정훈 박사가 직접 기후 변화의 양상을 기록하기 위해 남긴 펭귄 마을의 적설량 변화이다. (자료 출처 : 극지연구소 김정훈 박사)

그림 52

드론으로 획득한 펭귄 서식지 영상. 핑크색으로 보이는 부분이 펭귄의 배설물로 덮여 있는 펭귄 서식지이다.

위해 뉴질랜드에 대기 중인 아라온호를 타고 약 일주일 정도의 거리를 항해해서 도착한다.

　장보고기지에서 약 35km를 헬기로 이동하면 남극환경보호구역인 ASPA No. 173 케이프 워싱턴Cape Washington과 실버피쉬 베이Silverfish Bay 가 있다. 이곳은 남극에서 가장 큰 황제펭귄Emperor Penguin의 번식지 중 하나이다. 전 세계 황제펭귄의 약 8%가 이곳에 서식한다. 미국과 이탈리

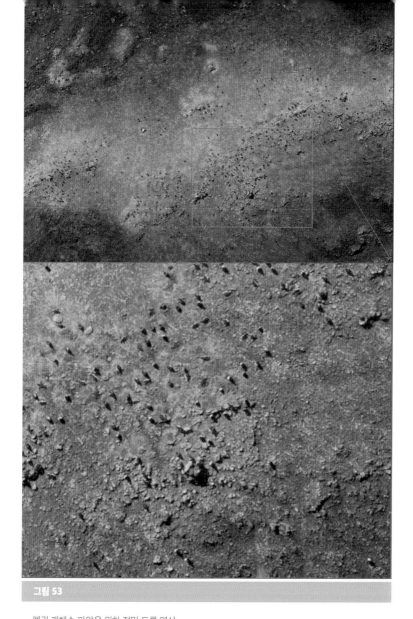

그림 53

펭귄 개체수 파악을 위한 정밀 드론 영상.

그림 54

남극환경보호구역 펭귄 서식지를 입체화한 영상.

아가 2013년에 남극환경보호구역으로 지정을 요청한 곳이기도 하다.

황제펭귄의 서식지 연구를 위해 필자와 공동 연구를 하고 있는 극지 연구소 생명과학연구부의 김정훈 박사팀이 현장에서 야외 생활을 하며 직접 무인기를 운용하였다. 획득된 자료는 필자의 팀에서 분석하는 협동 연구가 진행 중이다.

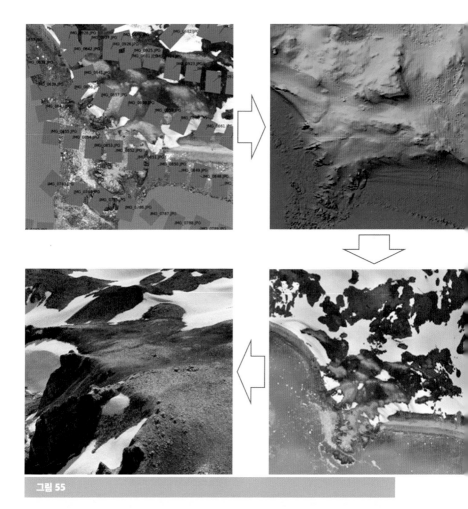

그림 55

3차원 공간 엉상 제작 과정. ① 드론으로 자료 영상 획득, ② 3차원 지형 정보 추출, ③ 펭귄 번식지 합성 영상 제작, ④ 3차원 공간 영상 지도 작성. (자료 출처 : 극지연구소 현창욱)

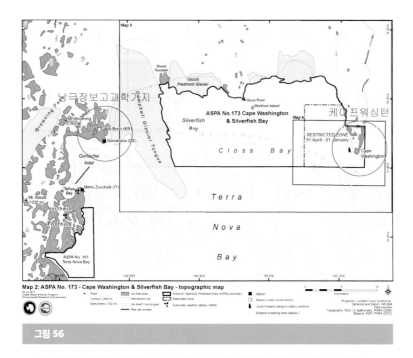

그림 56

남극 장보고과학기지 주변에 있는 남극환경보호구역 케이프 워싱턴과 실버피쉬 베이(ASPA No.173). 2013년 미국과 이탈리아의 제안에 따라 지정되었다. (자료 출처 : 미국 남극 프로그램)

극지과학자가 들려주는 드론 이야기

그림 57

남극환경보호구역 173에 서식하는 황제펭귄(자료 출처 : 극지연구소 정호성).

그림 58

헬기에서 연구자가 카메라를 이용하여 직접 촬영한 펭귄 서식지 모습. 고도는 약 760m. (자료 출처
: 극지연구소 정호성)

남극환경보호구역 173의 펭귄 서식지를 조사하기 위해 연구를 수행 중인 극지연구소 생명과학부 김정훈 박사팀의 숙소. 김정훈 박사는 해양수산부에서 우리나라를 대표해 장보고기지 부근을 포함한 남극 해양 환경을 연구하는 프로그램의 연구 책임자이다. (자료 출처 : 극지연구소 정호성)

극지과학자가 들려주는 드론 이야기

그림 60

남극환경보호구역 1/3을 조사하기 위해 장보고기지 인근에서 관측에 사용될 드론을 시험 비행하는 모습. 연구에 사용된 드론은 DJI의 Matrix-600 모델에 캐논 DSLR 카메라를 장착했다. (자료 출처 : 극지연구소 김정훈)

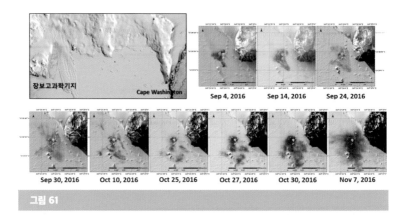

그림 61

케이프 워싱턴의 황제펭귄 서식지 모습(2016년 우리나라 과학위성인 아리랑 2호에서 본 모습).

아델리펭귄 5만 쌍이 살고 있는 케이프 할렛

장보고과학기지에서 320여 킬로미터를 이동하면 케이프 할렛이라는 남극환경보호구역 ASPA No. 106이 있다. 케이프 할렛은 동남극(남극 대륙을 동서로 나누었을 때 동쪽 부분에 속한 대륙) 로스ross 해에 접해 있는 할렛 반도의 북쪽 끝에 위치하고 있지만, 남극의 다른 지역과 다르게 눈과 얼음이 거의 없다.

이러한 환경 때문인지 케이프 할렛에는 아델리펭귄adelie penguin이 5만 쌍 정도 서식한다. 세종과학기지 옆의 남극환경보호구역을 펭귄 마을이라 부른다면, 여기는 펭귄 도시다. 그것도 대도시라 할 수 있다.

이곳은 해양보호구역MPA, marine protected area으로 현재 극지연구소가 국제사회를 대표해서 조사하는 곳이다. 국제적 관심 지역이기 때문에

극지과학자가 들려주는 드론 이야기

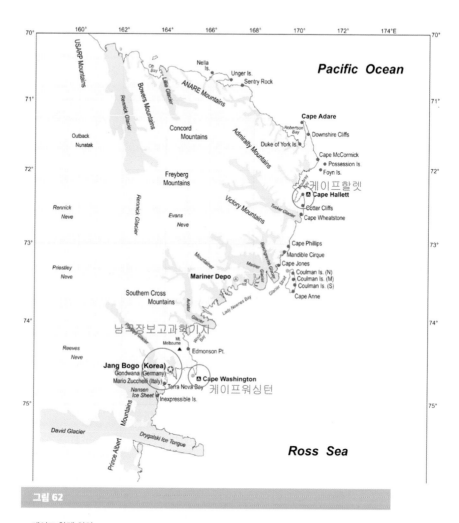

160° 162° 164° 166° 168° 170° 172° 174°E

70°

USARP Mountains

Ob Bay
Nella Is.
Unger Is.
Sentry Rock

Pacific Ocean

Bowers Mountains

Little Glacier

Rennick Glacier

ANARE Mountains

71°

Outback Nunatak

Concord Mountains

Cape Adare

Robertson Bay
Downshire Cliffs

Duke of York Is.

Admiralty Mountains

Cape McCormick
Possession Is.
Foyn Is.

Freyberg Mountains

72°

Rennick Neve

Rennick Glacier

Victory Mountains

Evans Neve

Tucker Glacier

케이프할렛
⚑ **Cape Hallett**

Cotter Cliffs
Cape Wheatstone

73°

Priestley Neve

Mountains

Mariner Glacier

Cape Phillips
Mandible Cirque
Cape Jones
Coulman Is. (N)
Coulman Is. (M)
Coulman Is. (S)
Cape Anne

Mariner Depo ⚓

Borchgrevink Glacier

Glacier Sheet

Southern Cross Mountains

Aviator Glacier

Lady Newnes Bay

남극장보고과학기지

74°

Reeves Neve

Wood Bay

Campbell Glacier

Mt. Melbourne ▲
● Edmonson Pt.

Jang Bogo (Korea) ✿
Gondwana (Germany)
Mario Zucchelli (Italy)

⚑ **Cape Washington**
Terra Nova Bay
케이프워싱턴

Nansen Ice Sheet
Inexpressible Is.

75°

Mountains

David Glacier

Drygalski Ice Tongue

Prince Albert

Ross Sea

그림 62

케이프 할렛 위치.

그림 63

아델리펭귄(자료 출처 : 극지연구소 생명
과학연구부).

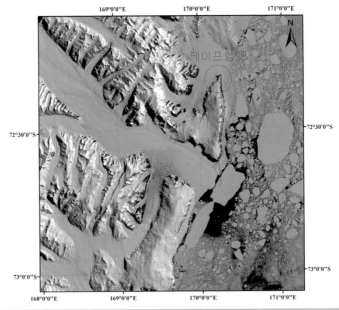

그림 64

케이프 할렛 앞바다에 수 킬로미터의 해빙이 펼쳐져 있다(2018년 1월 12일 인공위성 자료).

극지과학자가 들려주는 드론 이야기

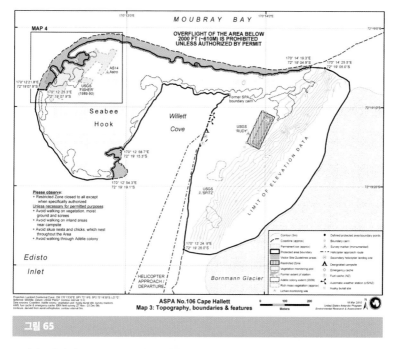

그림 65

케이프 할렛 지도. 해발 고도 및 경계(미국 남극 프로그램).

1957년부터 1964년까지 할렛 기지에 과학자들이 상주하며 자연환경 조사가 수행되기도 했었다. 케이프 할렛이 남극 수산자원의 보고인 로스 해 주변에 있기 때문이다. 펭귄의 주 먹이인 크릴새우가 로스 해에 풍부하다.

　5만 쌍 정도 되는 아델리펭귄의 서식지를 조사하기 위해 필자와 김정훈 박사팀은 2016년부터 드론과 항공기를 이용한 원격탐사를 수행하고

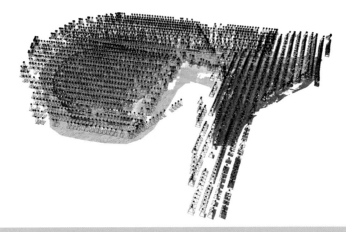

케이프 할렛에서 아델리펭귄의 서식지 조사를 위해 드론을 운용한 경로와, 영상 획득 지점.
2018년 2,167장의 드론 영상을 획득하였다. (드론 자료 수집 : 극지연구소 김정훈)

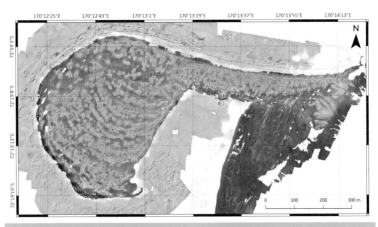

2018년 수집된 2,167장의 영상을 합성한 결과. 영상은 캐논 EOS 5DS를 사용하여 수집하였다. 카
메라의 초점 거리는 51.5mm, 픽셀 크기는 4.14μm, 영상 크기는 8,688×5,792픽셀, 비행 고도 약
100m로 합성된 영상에서 공간해상도는 0.74cm 정도이다. (자료 생성 : 극지연구소 김재인)

극지과학자가 들려주는 드론 이야기

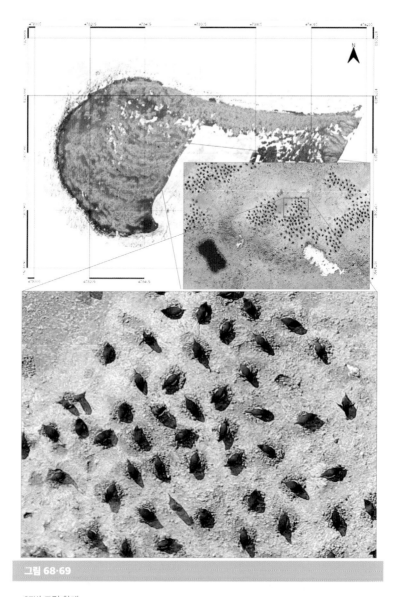

그림 68·69

67번 그림 확대.

있다. 펭귄의 서식지에 교란을 최소화하면서 하늘에서 펭귄의 개체수 변동을 매년 파악하는 게 주 임무이다. 온난화와 같은 자연환경의 변화가 아델리펭귄의 서식에 주는 영향을 파악하는 것이다.

펭귄 부부는 둥지에서 번갈아가며 알을 품고, 교대로 먹이를 구하러 간다. 이때 케이프 할렛 앞바다의 해빙은 이들에게 큰 고난의 대상이 되기도 한다. 해빙이 바다에 넓게 발달하면 펭귄은 먹이를 구하기 위해 더 먼 거리를 걸어가야 하기 때문이다. 이 때문에 때때로 둥지에서 임무 교대를 기다리던 펭귄 부모가 굶어 죽기도 한다.

연구팀은 드론을 이용하여 펭귄 서식지를 매년 관측하고 있다. 펭귄의 개체수와 펭귄의 배설물, 사체, 알 껍질 등을 조사한다. 서식지 교란을 최소화하기 위해 드론의 운용 고도는 약 100m 정도로 유지해야 한다. 2018년에는 2,167장의 영상을 수집하여, 공간해상도가 약 0.74cm 정도인 고해상도 합성 영상을 생성했다.

3. 해표들! 일광욕 재미있니?

극지연구소에서는 드론을 이용한 동물 연구를 펭귄에만 국한하고 있지 않다. 과학자들이 장보고기지 주변의 펭귄 연구를 위해 헬리콥터를 타고 이동하는 길에 기이한 풍경을 발견했다. 해안에 길게 발달한 해빙 위에서 해표들이 일광욕을 하고 있는 것이었다. 동서 방향으로 20km 정도 길이로 해빙이 갈라져 있는데, 그 틈 주위에 해표들이 분포하고 있었다.

해표는 수중 생활을 많이 하기 때문에 남극에서 눈에 띄는 개체수가 제한적이다. 하지만 물 위로 올라와 오랫동안 일광욕을 즐기며 휴식을 취하기도 해서 해표의 군집이 발견되면 많은 연구를 할 수 있다.

해표는 펭귄과 물고기를 먹고 사는 남극 최대의 해양 포식자이다. 보통 육지의 해안에서 휴식을 취하는데, 이때는 사람이 주변에 가도 별 반응 없이 큰 몸을 이리저리 굴리며 아주 얌전한 모습을 하고 있다. 하지만 물속의 생활은 180도 다르다. 아주 빠르고 사납다.

남극 세종과학기지 주변의 해안에서도 간혹 여유롭게 휴식을 취하고 있는 해표들을 볼 수 있다. 하지만, 장보고기지 주변의 실버피쉬 베이에서 해빙 위에 대량으로 서식하는 해표들을 발견한 것은 그때가 처음이었다.

해표가 분포하는 공간이 워낙 넓기 때문에 과학자들이 헬기로 이동할 때마다 무인기에 장착되었던 카메라를 헬기에 고정시켜 해표를 관측하기로 하였다. 현재 운용 중인 드론의 배터리 용량이 최대 15분 정도로 드

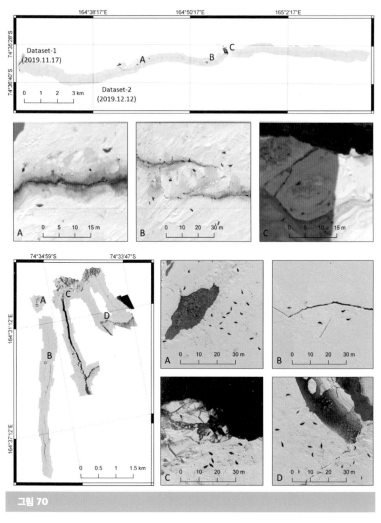

그림 70

실버피쉬 베이의 해표를 관측하기 위한 비행 경로와 해표(드론 자료 제공 : 김정훈, 자료 생성 : 김재인).

극지과학자가 들려주는 드론 이야기

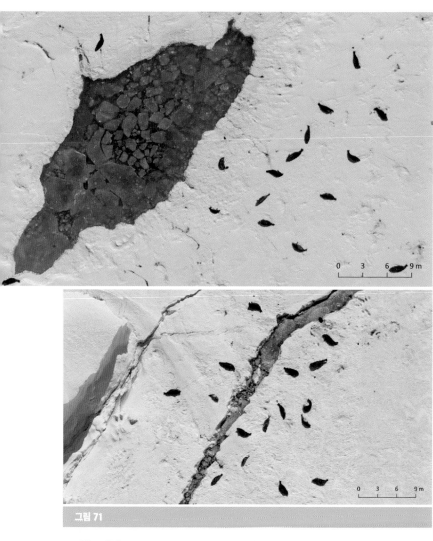

그림 71

그림 70 확대.

론이 한번에 비행할 수 있는 거리에 비해 해표가 꽤나 긴 길이의 공간에 분포하고 있었기 때문이다. 해표들이 깨진 틈새를 통해 해빙 위로 올라와 쉬고 있는 장면이 헬기에 부착된 카메라를 통해 자세히 관측되었다.

일반적으로 드론으로 획득한 영상으로 정밀한 합성 영상을 만들기 위해서는 이웃 영상 간 겹치는 공간의 면적을 넓게 한다. 그러나 해표는 2km에 달하는 직선거리에 분포하고 있어, 헬리콥터의 진행 방향을 제외한 좌우 방향에 대한 영상 겹침 면적을 적절하게 확보할 수 없었다. 때문에 영상을 합성하는 기술을 최대로 활용하여 영상 합성에 성공했다.

2019년과 2020년에 3차례의 헬리콥터 비행에 성공했다. 2019년 11월 17일, 2019년 12월 12일, 그리고 2020년 1월 19일 헬리콥터의 이동시간을 통해 관측에 성공할 수 있었다.

헬리콥터에 카메라를 고정하는 짐벌을 개선하여 2019년에 수행된 2회의 비행 동안 1,874장의 영상을 수집하였다. 사용된 카메라가 한 번에 획득한 영상의 크기는 8,688×5,792픽셀이며, 초점거리는 51.5mm, 화소는 4.14µm이다. 2020년에도 장보고기지와 가까운 쪽의 해빙 위를 비행하며, 946장의 영상을 획득하였다.

획득된 영상을 통해 해빙 위에서 서식하는 해표의 개체수를 확보하여 해표가 신체의 에너지를 최소로 소모하며 펭귄 등 먹이를 확보하는 과정을 연구 중이다.

4. AI로 펭귄의 수를 세어요

케이프 할렛의 아델리펭귄과 같이 개체수의 규모가 클 경우 드론으로 획득한 영상을 보고 나면 한숨부터 나왔다. 합성된 영상에서 검은 점으로 보이는 그 많은 펭귄들을 어떻게 셀 수 있을까? 어떻게 펭귄을 찾아내야 할까?

영상에서 검은색으로 보이는 것들이 다 펭귄이라고 생각할 수는 없었다. 우선 검은색 표면으로 보이는 것들의 특성을 가려내야 했다. 구름에 의한 검은 그림자, 짙은 색을 가진 바위, 그리고 부모와 색은 다르지만 체구가 거의 성체에 가까운 새끼 펭귄까지 구분해 내야 했다. 세세한 주의를 기울이지 않으면, 펭귄의 개체수를 구할 수 없다.

펭귄의 개체수를 알아보기 위해 극지연구소 연구팀은 개체수를 자동으로 산정하는 프로그램을 개발했다. 입력된 자료와 반복된 훈련을 통해 펭귄찾기의 정확도를 높이는 기술이다.

이러한 기술은 드론을 운영하면서 자연현상, 특히 동물이나 식물을 분류하는 데 효과적으로 사용된다. 개체수 산정 프로그램은 여러 시행착오를 거치며, 현재까지 정확도를 높이는 연구를 계속하고 있다.

초기에는 프로그램의 정확도를 높이기 위해 합성된 영상으로부터 직접 펭귄의 숫자를 세는 노력도 함께했다. 자동으로 계산한 값이 정확한지 확인을 해야 하기 때문이다. 시간이 많이 걸리는 아주 힘든 일이지만 지속적인 연구를 위해 반드시 거쳐야 할 단계였다. 현재는 자동으로 펭

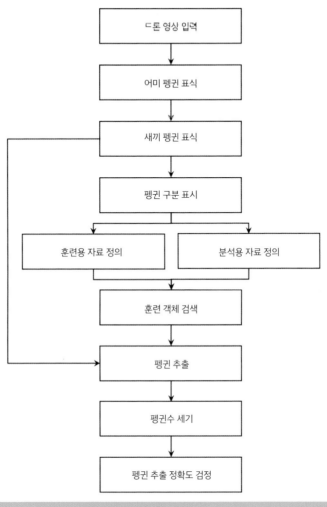

그림 72

아델리펭귄 개체수 산정 과정(자료 출처 : 극지연구소 현창욱).

극지과학자가 들려주는 드론 이야기

권의 개체를 판단하여 추출하는 기술이 오차가 아주 적은 단계까지 발전했다.

아직도 오차가 발생하는 이유는, 드론으로 영상을 수집할 때 펭귄들이 먹이를 구하는 등의 이유 때문에 이곳저곳으로 움직이고 있거나 펭귄 주위에 펭귄과 비슷한 돌이 있을 경우 등이다. 또한 둥지와 펭귄의 배설물이 눈보라에 묻혀 있거나, 성체에 거의 가깝게 자란 새끼 펭귄과 성체와의 구분이 모호할 때 정확한 개체수 산정에 어려움을 겪는다. 하지만, 현재까지 개발된 기술에서 보이는 이러한 오차는 매우 작은 수치여서, 펭귄을 연구하는 과학자들에게는 중요하지 않은 정도의 오차라고 한다.

다만, 정확도를 100%에 가깝게 해야 하는 과학자의 마음이 계속적으로 노력을 하게 한다. 드론 영상으로부터 관측 대상물을 쉽게 분류하거나 숫자를 세는 기술이 발달하면, 드론을 운용하는 시간에 실시간으로 육상에서 정보를 얻을 수 있을 것이다.

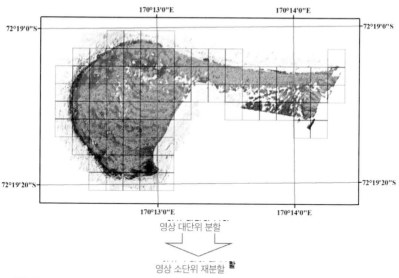

영상 대단위 분할

↓

영상 소단위 재분할

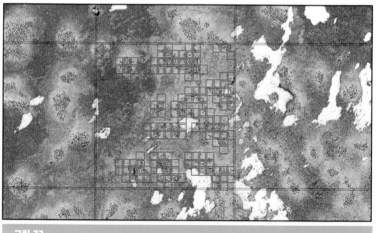

아델리펭귄 개체수 산정의 정확도 개선 및 산정 시간 단축을 위한 영상 분할 방법(자료 출처 : 극지 연구소 현창욱).

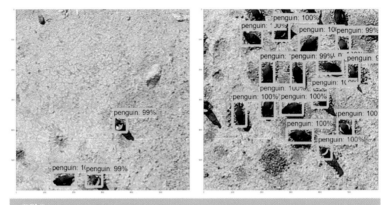

그림 74

극지연구소에서 개발한 아델리펭귄 개체수 자동 산정의 예(그림의 숫자는 자동 산정 프로그램에서 펭귄의 유무를 판단한 정확도).

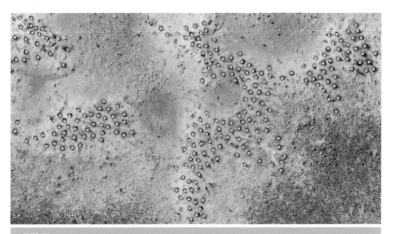

그림 75

아델리펭귄 개체수 자동 산정 프로그램의 정확도 평가를 위해 육안으로 둥지를 판독하는 과정(자료 출처 : 극지연구소 김정훈).

3장

드론, 북극 얼음의 민낯을 보다

북극의 해빙 변화를 연구하는 데에도 드론을 활용합니다. 해빙 위의 용융 연못과 해빙의 거칠기를 관찰해 지구온난화에 대한 연구를 수행하지요. 드론은 인공위성보다 정밀한 정보를 획득하기 위해 활용되는데, 북극해 한가운데 떠 있는 얼음 위에서 드론을 운용하는 것은 생각만큼 쉽지 않습니다.

1. 드론, 해빙 위를 날다

많은 사람들이 북극 해빙의 변화에 대한 이야기를 들어본 적 있을 것이다. 해빙, 그러니까 바다에 떠 있는 얼음이 지구온난화 때문에 줄어들고 있다는 이야기를 가장 많이 들었을 것이다.

지금까지는 인공위성으로 해빙을 관측해 왔다. 하지만 아직도 해빙을 정밀하게 관측하는 데에는 한계가 있다. 특히 해빙 표면이 어떻게 생겼는지 구분하기에 인공위성은 적당한 해상도를 가지고 있지 않다. 물론 마이크로파microwave를 위성으로부터 방사해서 위성의 수신기로 되돌아오는 신호를 분석하는 기술은 정밀한 자료를 제공하지만, 이것만으로는 해빙의 표면 특성을 충분히 알 수 없다. 마이크로파 신호가 해빙 표면의 눈이나, 눈 아래 녹아내린 물 등에 의해 잘못 해석될 때가 있기 때문이다.

드론을 해빙 연구에 사용한 이유 중 하나는, 해빙 표면에 대한 정밀 정보를 획득하기 위해서이다. 정밀 정보를 이용하여 인공위성 자료의 활용도를 높이는 것이다. 즉, 상호비교군을 만들어 위성에서 관측한 값의 정확도를 보정하는 것이다. 극지연구소의 쇄빙연구선 아라온호가 해빙 연구를 위해 매년 여름철에 북극해의 얼음을 찾아 긴 탐사를 떠나는 이유이기도 하다.

탐사 기간이 여름철이기 때문에 해빙은 북극의 고위도에 존재한다. 먼저 인공위성으로 해빙의 위치를 찾는다. 적당한 크기의 해빙이 발견되면, 쇄빙연구선 아라온호는 해빙 옆에 정박한다. 이후 과학자들은 7일 정도의 기간 동안 해빙 위를 돌아다니며 여러 가지 현장 조사를 한다. 필자의 연구팀도 탐사 기간 동안 해빙 위에 올라가 드론을 운용하며 해빙의 표면에 대한 정밀 정보를 수집했다.

인공위성보다 정밀한 관측을 위해 드론 출동

남극에서 호된 경험을 했기에 북극 조사에는 어느 정도 자신이 있었다. 하지만 북극해 한가운데에 떠 있는 얼음 위에서 드론을 운용하는 것은 생각만큼 쉽지 않았다. 역시 강한 바람이 가장 큰 걸림돌이었다. 바람이 강하고 해빙 표면이 두텁게 눈으로 쌓여 있어서 드론의 이착륙이 쉽지 않았다.

또한 해빙이 북극해 한가운데 있기 때문에 주변이 바다라는 조건은 드론을 운용하는 사람에게 심적인 부담을 안겨줬다. 무엇보다도 위성항

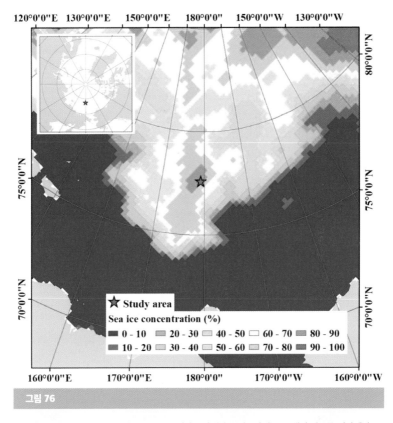

그림 76

북극해 해빙의 위치. 헬리콥터에 탑재한 고해상도 카메라를 이용하여 북극 해빙 연구를 시작했다.

법 시스템을 이용한 자동 비행에 상당히 소극적일 수밖에 없었다.

극 지역에서 위도가 높아질수록 위성항법 시스템의 혜택을 받기 어렵다. 위성항법 시스템이란 인공위성에서 발사되는 전파로 정보를 인식하는데, 위성들이 움직이는 궤도가 남북 방향에서 일정한 각도로 기울어

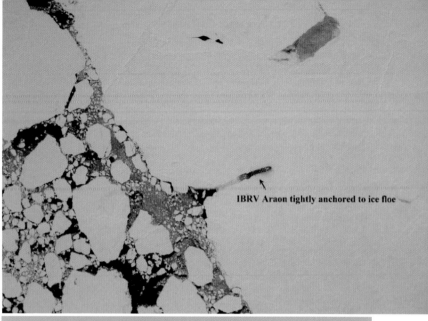

그림 77

해빙 연구를 위해 떠다니는 해빙에 단단히 고정되어 있는 아라온호의 모습. 2017년 8월 북극해 해빙 연구 당시 고도 2,285m의 헬기에 탑재된 카메라로 획득한 영상.

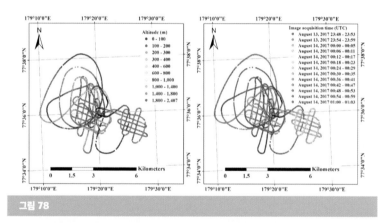

그림 78

헬리콥터에 탑재된 고해상도 카메라가 해빙 영상을 획득한 경로.

극지과학자가 들려주는 드론 이야기

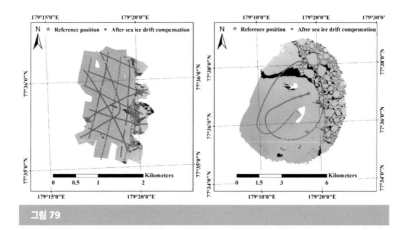

그림 79

헬리콥터에 탑재된 고해상도 카메라로부터 획득한 해빙 영상을 합성한 영상.

저 움직이기 때문이다. 또한, 지구 표면의 자기장 방향도 약간 기울어져 있다. 물론 남극보다는 약하다.

그래서 필자의 연구진도 해빙 상공을 최초로 촬영할 때, 드론을 사용하지 않고 아라온호에 탑재되어 있던 헬리콥터의 힘을 빌렸다. 헬리콥터에 준비해 간 카메라를 장착하고, 카메라와 연동되는 위치 정보 및 카메라의 자세 정보를 확인할 수 있는 부속물들을 설치했다. 사람이 헬리콥터에 같이 승선했지만, 카메라는 기체 밖에 설치해 일정하게 정해진 간격으로 영상을 획득했다. 그렇게 몇 번의 항공기 실험을 시행한 후, 무인기 활용에 대한 용기가 생겼다.

2017년 여름 쇄빙연구선 아라온호가 해빙을 뚫고 들어가 해빙 연구

북극 해빙 탐사에 사용된 드론.

를 수행할 때 필자의 연구팀에서 카메라가 장착된 DJI FC330 드론을 이용하여 25장의 영상을 수집했다. 대형 드론을 함께 가져갔으나, 이착륙에 대한 문제와 현장에서 야외 실험을 하는 동료들의 안전을 생각해 소형 드론으로 자료 수집을 했다. DJI의 팬텀4를 사용했다.

드론의 첫 활용은 성공적이지 못했다. 북극해 해빙에서의 연구 경험

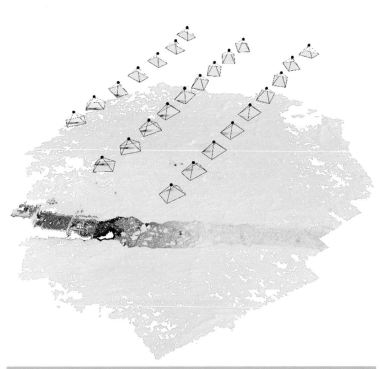

그림 81

드론 운용과 수집한 영상을 이용한 합성 영상.

부족과 날씨의 방해로 쇄빙선 주위 영역의 좁은 면적만 비행했다. 시험 비행 성격의 연구였다. 당시 확보된 자료는 초점거리 3.61mm, 픽셀 크기 1.58μm, 영상 크기는 4,000×3,000픽셀이었고, 비행 고도는 약 50m였다. 그래도 합성한 영상의 공간 해상도는 4.02cm로 꽤나 정밀한 영상이 수집되었다.

수집된 영상이 해빙 연구에 상당한 진전을 줄 것이라는 기대가 생겼다. 첫해는 해빙 위에서 드론을 운용한다는 첫경험으로 많이 긴장하여 드론 자체를 이용한 연구는 최소화하면서 쇄빙연구선에서 여름 현장조사 때만 운용하는 헬리콥터에 고성능 카메라를 부착하여 추가적인 영상 획득을 시도하였다. 그러나 매해 거듭되는 연구에서 드론을 이용한 연구에 자신감을 가지게 되어 최근에는 대형 옥토콥터를 이용하여 정밀 영상을 획득하고 있다.

2. 얼음 위에 연못이 있네?

해빙 위에서 드론을 운용하는 목적 중 하나는 해빙 위에 있는 연못을 자세히 관측하는 것이다. 그림 82에서처럼 북극의 해빙 표면에는 작은 물웅덩이들이 있다.

그림 82

용융 연못. 2018년 8월 22일 북극 척치(Chukchi 해 부근(북위 78.38, 동경 167.85) 해빙 캠프에서 드론을 이용하여 수집된 정밀 영상을 합성하여 생성한 해빙 표면 영상이다.

해빙 표면에서는 대기와의 온도 교환이 일어난다. 이때 얼음 많이 흡수한 부분은 녹아 작은 물웅덩이를 만드는데, 이것을 용융 연못이라고 한다. 또는 대기를 통해 날아 들어온 블랙 카본black carbon 같은 입자가 매개가 되어 해빙 위 용융 연못의 발달을 가속화시킨다는 연구도 있다.

크게 발달한 용융 연못은 바다와 연결되는 경우도 있다. 반면 이렇게 발달한 용융 연못이 갑자기 내려간 기온 변화에 의해 다시 얼기 시작해 닫히는 경우도 있다.

해빙 위의 용융 연못 크기와 용융 연못에서 반사되는 태양 빛의 특성을 파악하여 용융 연못의 발달 단계를 연구하는 것이 중요하다. 용융 연못의 크기를 관측하여 위성으로 계산한 해빙의 면적에서 어느 정도의 표면이 용융 연못인지를 추정한다. 용융 연못의 면적이 추정되면, 해빙 표면에서 태양에너지를 반사시키는 양을 계산하는 데 도움이 될 수 있기 때문이다.

드론으로 해빙 표면의 영상을 수집하여 용융 연못이 어떤 형태를 하고 있으며, 용융 연못이 내는 색의 특성을 분석하여, 빛의 특성에 따라 용융 연못의 깊이를 추정하는 연구도 수행한다.

3. 해빙 표면을 3차원으로 재구성하다

해빙의 표면 상태는 직접 현장에 가보지 않으면 모른다. 위성을 이용해 해빙 표면의 거칠기를 산출하고 있지만, 해상도의 한계로 제대로 된 거칠기를 알 수 없다.

해빙의 거칠기도 해빙 위의 용융 연못과 같이 해빙이 지구의 기후 시스템에 주는 영향을 추정할 때 중요한 인자로 사용된다. 해빙이 대기 복사에 중요한 역할을 하기 때문에 해빙의 표면 거칠기가 중요하다. 그렇다고 수많은 북극의 해빙을 일일이 탐사할 수는 없다. 그래서 해빙 위에서 직접 조사하는 캠프를 통해 정밀한 해빙의 정보를 수집하고, 이를 이용하여 인공위성에 적용하는 방법을 필자의 연구팀에서 개발 중이다.

해빙의 거칠기를 연구하기 위해 필자의 연구팀은 드론과 함께 3차원 스캐너를 이용하였다. 3차원 스캐너는 지상의 한 점에 고정하여 주변의 3차원 입체 형태를 재구성하는 라이다 시스템이다. 이 시스템과 드론을 이용하여, 해빙 표면의 상대적 높낮이를 입체적으로 재구성할 수 있는 고도 모형을 생성할 수 있다.

하지만 이때 드론이 바라보는 카메라의 각도에 따라 영상에서 추정한 고도 정보에 대한 왜곡이 생긴다. 물론 관측하는 영역에 대해 지상에 일정한 간격으로 지상기준점이 있으면 쉽게 문제가 해결된다. 그러나 북극해 한가운데에 있는 해빙의 위에서 기준점 측량은 쉽지 않다. 해빙 캠프를 수행하는 해빙 면적이 보통 수 제곱킬로미터이기 때문에 연구자가 돌

그림 83

3차원 라이다 스캐너 작동. 해빙의 정밀한 표면을 재구성하기 위해 지상 라이다를 사용하고 있다.

그림 84

3차원 라이다 스캐너로부터 재구성된 북극해 해빙 위의 모습.

극지과학자가 들려주는 드론 이야기

아다니며 지상기준점을 일정한 간격으로 측량할 수 없다.

그래서 연구자의 활동 범위 안에 지상기준점을 두면, 기준점에서 멀어지는 곳에서는 일정한 경사를 이루면서 지표의 높이가 왜곡된다. 쉽게 말해 우리가 먼 곳을 바라보고 있을 때, 지표가 평탄한 곳일지라도 우리 눈에는 먼 곳의 지표가 마치 경사진 길처럼 보이는 것과 같다.

그리고 해빙은 해류의 흐름에 따라 이동한다. 그래서 기준 위치가 시간에 따라 변한다. 따라서 드론을 이용한 원격탐사에서 기준점은 영상을 합성하고 실제 환경으로 재구성하는 데 가장 중요하다.

극지 해빙 위에서는 이런 문제가 있기 때문에, 3차원 공간을 정밀하게 측정할 수 있는 연구 장비를 사용한다. 이런 장비로 기준점 반경 100m를 정밀하게 계측할 수 있다. 물론 지상 관측은 여전히 완벽하지 않다.

항공기에 라이다를 설치했다면, 앞에서 설명한 여러 어려움은 생각할 필요도 없다. 하지만 과학 연구는 한정된 예산에서 최대의 효과를 끌어내는 것이다. 그래서 3차원 공간 정보와 드론으로 수집한 영상을 바탕으로 지표의 표고를 정확히 계산하는 모델을 필자의 연구팀이 만들었다.

물론 일반적인 경우가 아닌, 3차원 공간 측정기라이다 스캐너가 가동되는 경우로 제한하지만, 북극해의 해빙에서만큼은 정확한 해빙 표면의 높이 차이를 계산했다.

3차원 라이다 스캐너는 일반적으로 강한 밀도를 가진 레이저를 물체에 비추면 그 빛이 반사되어 돌아오는 시간을 측정한다. 레이저를 사용하기 때문에 한 물체에 대한 측정 시간이 짧다. 빛이 돌아오는 시간을 이용해 거리로 환산한다. 한 물체에 여러 개의 레이저를 비추면, 각각의 레이저 빛이 돌아오는 시간을 계산해서 물체의 표면을 재구성한다.

여기에 레이저를 비추고 돌아오는 빛을 감지하는 센서가 일정한 속도로 제자리에서 360도 회전한다. 360도 회전을 통해 관측자를 중심으로 일정거리(레이저 정밀도를 조정할 수 있는 거리)의 형태를 거리에 대한 개념의 수치로 저장한다. 이렇게 레이저가 도달한 곳의 X, Y, Z에 대한 상대적인 값들이 만들어지는 것이다.

이렇게 만들어진 값을 특정한 공간에 다시 투영하게 되면 3차원 공간이 재구성된다. 필자의 연구팀이 북극 해빙에서 사용한 3차원 스캐너는 위상변이Phase Shift 방식의 스캐너이다. 스캐너에서 발사된 2개의 파장이 물체에 반사되어 돌아오는 파장의 거리 차로 계산하는 방식이다.

4. 모두가 하얀 얼음, 드론은 어떻게 구분할까?

좀 복잡한 이야기를 할까 한다. 앞에서 이야기한 해빙의 표면을 재구성할 때의 일이다. 드론으로 수집한 영상을 합성해서 하나의 영상인 것처럼 재구성하는 데 가장 중요한 것이 이웃한 영상 간 유사한 부분을 이용하여 서로 연결시켜 주는 것이다. 이것을 영상 정합이라고 한다. 이렇게 만들어진 영상은 정합 영상이라고 부른다.

일반인들이 드론을 이용해서 영상을 합성할 때는 주로 정합 영상까지만 수행한다. 관측하는 대상이 다양한 지형이거나, 건물 등 특이점이 있는 경우, 또는 지표면의 색이 다양하면, 영상을 정합하는 데 수월하다. 때문에 요즘에는 드론을 판매하는 업체에서도 영상 정합을 위한 무료 프로그램을 제공한다.

하지만 앞장에서 이야기했듯이 정밀 관측이나 과학 목적으로 드론을 활용하기 위해 가장 중요한 것은 정합된 영상이 정확한 위치 정보도 포함하고 있어야 한다는 것이다. 이를 위해 일반적으로 지상에 특정한 위치를 나타내는 지점인 지상기준점들을 설치하거나, 정확한 지형도(지표고도 자료)가 있어야 한다.

우리나라의 경우 국토지리원에서 전국 곳곳에 지상기준점을 마련하고 있으며, 2년마다 정밀 항공사진 촬영을 해서 국가 기본 지도를 제작한다. 세종과학기지에도 국토지리정보원에서 설치한 지상기준점이 3군데 있다. 또한 남극 세종과학기지 주변 지형도(1/1,000)와 남극 바톤 반도 주변 지형도(1/5,000), 남극 세종과학기지 주변 지형도(1/25,000)를 제공하고 있다.

하지만 북극해에 떠다니는 해빙은 영상 정합부터가 쉽지 않다. 드론으로 수집한 여러 장의 사진을 보면, 같은 사진들이 많다. 표면이 눈으로 덮여 있기 때문에 이웃한 영상 간 차이를 찾기가 쉽지 않다. 그래서 영상만을 사용한 영상 정합이 쉽지 않다. 또한 누구도 떠다니는 해빙에 대해 정확한 지상기준점을 제공하지 않는다.

따라서 극지에서는 드론을 이용한 관측이 관측 자체만으로도 중요한 의미를 가지지만, 목적에 맞는 영상을 만드는 것도 아주 중요한 연구의 한 분야이다. 일반적인 경우도 마찬가지이겠지만, 드론을 이용해 수집된 영상을 목적에 맞게 다루는 기술이 가장 중요한 기술이 된다.

필자의 연구팀은 눈 위에서 수집한 여러 장의 영상을 정합하고, 고도 정보를 정밀하게 재구성하는 연구를 수행했다. 그 복잡한 이야기를 조금 하겠다.

더 정확한 영상을 더 빨리 얻기 위한 방법들

드론에 장착되는 카메라가 정밀해짐에 따라, 수집되는 영상의 개수가 엄청 많아졌다. 하얀색 눈만 있는 표면의 특성이 영상을 정합하는 데 힘들게 하는 것을 빼고서라도, 늘어난 대용량의 영상을 합성하는 데도 상당한 시간과 고성능의 컴퓨터 시스템이 필요하다. 요즘에는 합성한 영상

1장의 용량이 수백 기가바이트gigabyte를 넘는 것이 보통이다.

필자가 처음 드론을 운용한 시대와 비교하면 요즘의 기술은 이루 말할 수 없을 정도로 발달했다. 대용량의 자료를 다루다 보니, 영상을 정합할 때 어떻게 하면 시간을 줄일 수 있는가에 대해 많은 연구를 하고 있다.

결국 자료를 처리하는 방식의 변화가 중요해진 것이다. 주어진 자료를 어떤 순서로 처리하느냐에 따라 소요되는 시간이 다르다. 앞에서 펭귄을 찾아내는 프로그램을 잠깐 이야기했다.

5만 마리나 되는 아델리펭귄을 정확하게 찾아내기 위해서는 영상을 부분부분 조각내어 처리해야 한다. 자료를 분리해도 지장이 없는 영상의 경계를 찾아내면 상당한 시간을 절약한다.

이렇게 영상을 조각내어 처리함으로써 컴퓨터를 이용하는 시간을 단축시킬 수 있지만, 영상 처리를 더 빨리, 더 정확하게 하기 위해서는 별도의 기술들이 필요하다.

많은 과학자들이 이러한 부분을 고민하고, 많은 개선안을 만들어 놓았다. 그래서 관측 대상이 극지의 설원과 같이 변화가 없는 공간에 대해서는 기존의 방법들을 적극 이용해 최적의 정합 기술을 개선하는 방향으로 새로운 기술을 개발하는 게 현명하다.

우선 대표적인 정합 방법들을 극지에 적용하여 비교하는 방법을 선택했다. 그리고 그중에 논리적으로 오류가 가장 적은 방법을 찾고, 그 방법에서 개선할 수 있는 방법을 첨가하는 연구 방법을 택했다.

영상을 정합하는 데 소요되는 시간과 노력, 그리고 컴퓨터의 성능(요즘은 그래픽카드의 메모리를 활용하는 컴퓨터) 등을 고려한다. 이러한 활동을 하나로 표현하는 게 정합 비용^{matching coast}이다. 즉, 자료를 처리하는 데 얼마나 노력이 드는가를 정량화하기 위해 비용이라는 표현을 사용한다.

일반적으로 정합 영상을 만들기 위해서는 다음과 같은 절차를 따른다. 첫 번째, 드론을 이용한 영상 확보 계획(촬영 계획). 두 번째, 드론을 운용해서 계획한 영상 확보. 세 번째, 드론에 사용된 카메라 특성을 고려한 영상 검정. 네 번째, 항공 삼각 측량으로 수집된 영상 사이의 특이점을 이용하여 정합하는 것이다.

그런데 항공 삼각 측량을 할 때 바닥이 흰색으로 단일화된 지역은 어려움을 겪는다. 그래서 특이점을 육안으로 선별하는 작업을 거쳐야 한다. 전체를 다 할 수는 없지만, 항공 측량 원리에 부합하는 몇 개의 지점을 선택하는 것이다. 이렇게 하면 정확하지는 않지만 일단 정합 영상은 만들어진다.

다음 단계로, 해빙의 표면 고도 자료와 수치 지도, 지상기준점 등이 있으면 연구 목적에 부합하는 정사 영상을 만들 수 있다. 기하학적인 왜곡이 제거된 영상을 정사 영상이라 한다.

극지에서는 영상 합성과 정사 영상 제작을 위한 위치 정보가 따로 없기 때문에, 현장에서 일정 거리에 지상기준점을 만들고 드론을 운용한다. 하지만 드론이 기준점 밖의 먼 공간까지 가게 되면 거리가 멀어질수록 오차를 포함하게 된다.

북극해에서 해빙 표면의 정확한 고도를 측정하기 위해 3차원 라이다 스캐너로 일정 공간의 정밀 표면 고도 자료를 만들었다. 3차원으로 확보한 지상 자료와 드론의 영상을 통해 3차원 객체점을 이용하는 방법을 사용하였다. 즉, 가로 세로 위치 좌표(엄밀히 말해 기준점으로부터 상대적 거리) 변화와 함께 3차원 라이다 스캐너에서 확보된 고도 좌표를 하나의 세트로 생각해서 비교하는 것이다.

이 단계에서 자료 처리 시간이 가장 많이 소요된다. 정확한 정사 영상을 만들기 위해, 영상의 각 지점마다 기준점과 비교하는 과정을 되풀이하고, 생성된 전체 값이 비교군과 오차가 가장 적은 모델을 선정해야 한다.

여기에서 시간을 단축하기 위해, 3차원 자료로 한 번에 처리할 수 있는 자료의 양을 나누는 기법을 사용하였다. 즉, 검색창 크기search window size 조절이라는 방법을 통해 한 번에 계산되는 양을 조절하였다.

이렇게 검색창을 조절하면서, 기존의 연구들에서 제시하는 방법과 비교 검정하였다. 결과를 비교하면서 드론 영상 자료의 정확도, 공간 정보의 불확실성을 줄여 가는 절차를 반복했다. 그 결과, 기존의 방법을 개선하면서 자료 처리 속도를 높이고, 결과물에 대한 정확도를 보장할 수 있는 모델을 만들 수 있었다.

설명도 어렵고 이해하기도 어려운 이야기를 조금 했다. 읽기 어렵다면, 이 부분은 그냥 넘어가도 된다. 중요한 것은 자료의 수집도 중요하지만, 자료를 이렇게 처리하느냐가 가장 중요하다는 것, 그리고 극지의 환경은 계속되는 도전이 필요하다는 것이다.

필자는 연구팀과 함께 극지에서 드론 활용을 일반화할 수 있는 기법들을 계속 연구 중이다

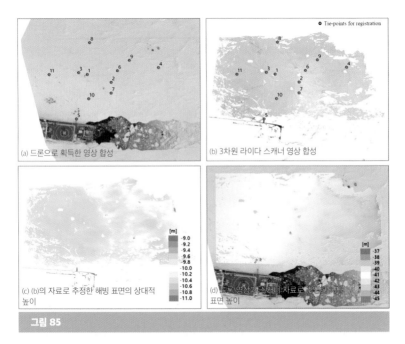

그림 85

영상 정합 : 드론으로 수집된 하얀 영상들을 효과적으로 정합하는 과정. 드론 영상을 클라우드 포인트 기법을 이용하여 합성하고, 라이다를 이용해 재구성한 표면 고도 자료를 사용해 정밀한 영상을 찾는다.

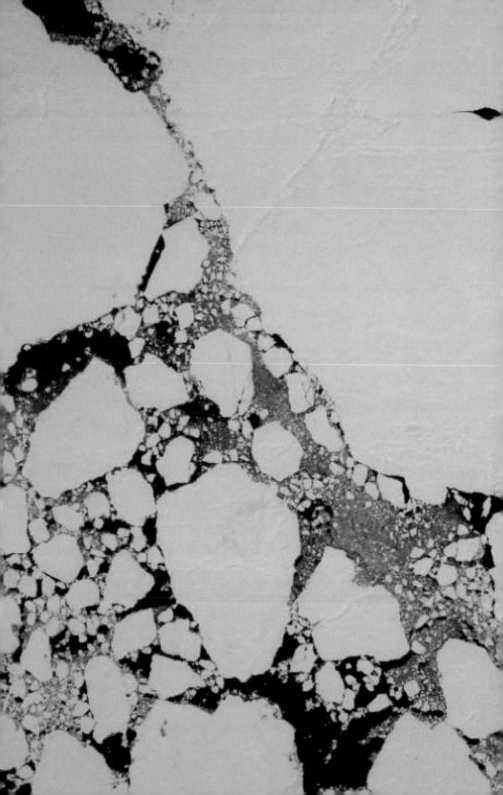

4장
드론, 극지의 길을 안내하다

초소형 드론에 사용될 수 있는 센서 개발, 그리고 이러한 센서로부터 받은 신호를 안전하고 역동적인 움직임으로 전환가능하게 하는 저전력의 전기모터 기술, 자동 이착륙, 장애물 회피, 자동으로 목적지까지 찾아가는 항법 기술, 무엇보다 인간의 안전을 최우선으로 생각하는 안전 기능이 갖춰진 무인기가 개발되면 극지에서 보다 다양한 연구가 활발히 진행될 것입니다. 이러한 기술은 최고의 과학 기술이 집적된 것으로 대용량 빅데이터 사용으로 대표되는 4차산업의 중요 분야이지요.

1. 극지연구소, 첨단 드론 활용의 시작

지금까지 필자가 2012년부터 무인 비행체를 이용하여 극 지역의 환경을 연구한 경험을 간략히 설명하였다. 연구를 시작할 때는 몰랐으나, 지금은 알게 된 몇 가지 지식이 있다. 극지에서 드론을 운용할 때 생각해야 할 것들이다.

먼저 지자기, 다시 말해 지구 자기장에 의한 드론의 이상행동을 방지해야 한다는 것, 극지에서는 위성항법 시스템을 제대로 활용할 수 없다는 것, 그래서 자동 비행이 간혹 돌발 사고로 이어질 수 있다는 것이다.

또한 매서운 바람과 변덕스러운 일기로 드론을 운용할 수 있는 날씨가 제한적이기 때문에 극지 현장 조사를 위해서는 계획 단계에서부터 날씨 변덕을 고려해야 한다는 것도 지금은 안다.

무엇보다 중요한 것은, 극지는 인간의 손이 최소로 닿아야 하는 곳이기 때문에, 과학 목적일지라도 자연환경의 보전을 우선해야 한다는 것이다.

놀라운 것은, 필자가 지난 8년간 몸소 겪고 깨달았던 기술과 생각들이 이제는 일반화되고 있다는 것이다. 기술의 발달로 지자기 문제와 위치 정보 문제는 아주 적게 발생하고 있고, 국제사회에서 드론의 활용도가 높아지는 것을 인지해, 드론 운용에 관한 국제 규약을 만들고 있다.

극지과학자가 들려주는 드론 이야기

2. 드론, 4차 산업의 극지 실현

이제 남은 것은 '이 첨단 기술을 어디에 어떻게 사용하느냐'일 것이다.

다양한 센서의 활용과 함께 극지에서 성능을 발휘할 수 있는 무인기의 개발이 국내에서도 진행 중이다. 극지 활동이 가능한 드론의 개발과, 다양한 관측이 가능한 센서의 개발이 이루어지면, 극지 분야에 무인기를 활용한 다양한 연구가 활발해질 것으로 기대된다.

드론에 적용되는 기술 분야는 다양하다.

우선 드론의 비행에 관련된 기술들은 곤충 사이즈의 초소형 드론부터 대형의 정찰기 드론까지 공통으로 사용되는 주요 기술이다. 인간의 노력을 최소화하면서 안전한 비행을 하기 위한 필수 기술로, 여기에 주변 환경을 감지할 수 있는 다양한 센서를 장착하고 이들 센서로부터 들어오는 신호를 빠른 시간에 처리하며 안전한 비행을 해야 한다.

따라서 초소형 드론에 사용될 수 있는 센서 개발, 그리고 이러한 센서로부터 받은 신호를 안전하고 역동적인 움직임으로 전환가능하게 하는 저전력의 전기모터 기술이 대표적인 기술이라 생각된다. 여기에는 자동 이착륙, 장애물 회피, 자동으로 목적지까지 찾아가는 항법 등이 포함된다. 그리고 무엇보다 인간의 안전을 최우선으로 생각하는 안전 기능이 포함될 것이다.

이러한 기술은 최고의 과학 기술이 집적된 것으로 대용량 빅데이디 사용으로 대표되는 4차산업의 중요 분야이다.

국토교통부에서 지난 2019년 발표한 국내 드론 시장에 대한 조사에서도, 드론 기체를 신고한 대수가 2019년 6월 기준으로 9,342대, 드론을 사용하는 산업체가 2,501개, 그리고 드론 조종자격증을 취득한 사람이 2만 3,408명이나 된다고 한다.

이처럼 드론 산업이 성장하는 배경에는, 지난 2017년 국토부에서 발표한 종합계획에서 드론 산업 규모를 5년 이내에 20배 육성한다는 목표가 포함되어 있기 때문이다. 드론 산업의 발전을 지원하는 또 하나의 중요한 요인은 법률 제정이다.

2019년 4월 드론 활용의 촉진 및 기반 조성에 관한 법률이 제정되었다. 여기에서는 드론의 정의를 '조종사가 탑승하지 아니한 채 항해할 수 있는 비행체'로 명문화했다. 그리고 5년마다 기본 계획을 수립해서 매년 실태 조사를 수행하고, 드론 산업 협의체 운영을 법제화하기로 했다. 또한, 드론의 운용은 비행 규제와 맞물려 있지만, 정부에서 특별자유화 구역을 지정하고 운영해서 드론 시범 사업 구역을 정규화할 수 있는 드론 산업 육성과 지원의 근거를 마련하는 역할을 했다.

이렇게 정책과 제도 등을 통해 우리나라 정부에서 드론의 발전을 위한 적극적인 노력을 하고 있다. 이러한 국내의 흐름은 외국의 경우와도 다르지 않다. 세계 각국은 드론 산업의 중요성을 인식하고, 각국의 실정에 맞는 제도를 도입하여 드론 산업을 육성하고 있다.

우리나라 과학기술정보통신부에서는 무인이동체사업단을 출범시켜 국내 무인기 기술의 확대와 다양한 분야로의 사용을 지원하고 있다. 국내에서 개발 중인 다양한 종류의 무인기는 과학 분야뿐만 아니라, 인간의 안전하고 편안한 생활을 위한 다양한 분야에 활용될 수 있을 것이다.

무인이동체사업단은 '무인이동체 미래선도 핵심기술 개발사업단'의 줄임말이다. 무인이동체사업단에서 2017년부터 발간하는《무인이동체 기업 디렉토리》에 따르면 2019년에 총 140개 기업이 국내에서 무인 이동체와 관련된 제품을 개발 생산하고 있다. 무인 이동체라는 말은 하늘을 나는 드론을 포함하여 지상을 달리는 무인 자동차, 수중을 움직이는 수중 드론 등 인간이 직접 탑승하지 않고 명령에 따라 자동으로 움직이는 모든 기기를 말한다.

140여 개의 기업 중 118개의 기업에서 드론 개발 및 드론에 사용되는 센서, 모터 등을 개발 중이다. 이러한 기업들은 국내 드론 산업 활성화 정책에 따라 다양한 드론 관련 제품의 국산화를 추진 중이다.

또한 드론 관련 협회도 2019년 기준으로 11개가 있다. 민간에서도 드론 산업의 미래를 밝게 보고 있다는 뜻이다. 드론을 이용한 4차 산업의 활성화를 위해 정부와 민간이 협력하며 적극적으로 활동하고 있다.

최첨단 기술의 집합체, 드론

드론과 관련된 방대한 기술 중 우리가 친숙하게 이해할 수 있는 부분들의 예를 들어 보자. 앞에서 잠깐 얘기를 했지만, 드론이라는 하나의 기기에는 아주 많은 첨단 기술들이 필요하다. 비행에 관련된 여러 센서들과 함께 가벼운 기체를 유지하며 효율적으로 비행하기 위해 초경량 고효율 배터리와 같은 동력원에 대한 기술, 그리고 드론과 지상을 연결하는 통신 기술이 대표적이다.

이 책의 도입부에서 말한 것처럼 인간이 제자리에서 먼 곳을 독수리의 눈으로 보기 위해서는 지상에서 드론을 조종하는 인간과 임무 수행을 위해 먼 거리를 비행하는 드론 간의 정보를 실시간으로 주고받기 위한 통신이 중요하다. 또한 드론이 안전하고 효과적인 비행을 하기 위해서는 실시간으로 주변 환경에 대한 정보 수신 등을 가능하게 하는 통신 기술이 필요하다.

최근 세계 최초로 5G를 상용화한 한국에서는 이 통신 기술을 이용하여 시간 지연 없이 드론을 자동 비행 시킬 수 있는 기술 개발에 집중하고 있다. 통신 분야의 4차 산업이라고 생각하면 된다. 5G 기술은 초고속 근거리망 통신 서비스이다. 현재 우리가 사용하고 있는 LTE에 비해 20배 이상의 통신 속도를 가진다. 5G 기술을 이용하여 초고속으로 대용량의 빅데이터를 상호 교환하면 드론을 마치 내 몸의 감각 기관을 통해 감지하고 신체를 움직이듯이 운용할 수 있다.

하지만 극지에는 국내와 같은 통신 환경이 없다. 5G를 이용한 통신 기술은 결국 곳곳에서 신호를 중계해 주는 시설이 갖춰져야 가능한 일이다. 따라서 극지에서는 드론 운용을 위한 통신 부분에 새로운 도전이 남

극지과학자가 들려주는 드론 이야기

아 있다. 극지에서 완성된 기술이 최첨단이라는 말과 연결되는 이유다.

세계의 각 국가들도 드론이 극지 연구에 가장 효율적이고 과학자의 안전과 함께 자연 파괴를 최소화할 수 있는 기술이라는 것을 알고 있다. 드론의 극지 운용은 우주 기술의 기초가 된다고 말할 수 있다. 우주 개발이라는 말들이 힘을 받고 있는 이 시대에 미지의 곳에서 운용 가능한 첨단 기술을 직접 테스트할 수 있는 곳이 극지이기 때문이다.

초분광센서 도입

드론을 이용한 과학 연구에는 드론과 함께 센서가 핵심이다.

지금까지 카메라를 이용한 드론에 대한 이야기를 했었다. 최근에 필자의 연구팀에서는 우리나라 최초로 하나의 센서로 400~2,500nm 범위의 넓은 파장대를 한 번에 관측할 수 있는 초분광 센서를 도입했다. 센서의 제품 번호가 '001번'이니 개발자를 제외하고는 세계 최초의 사용자인 것 같다.

초분광 센서는 한 번에 관측 가능한 파장대가 넓어질수록 센서 제작에 고도의 기술이 필요하다. 파장대를 조금 넓히는 데 많은 비용이 추가된다.

또한 파장대가 넓어 획득되는 자료의 수가 증가하기 때문에 자료 처리에도 상당한 추가 시간이 필요혜 고도의 처리 기술이 요구된다.

초분광 센서는 대부분 가시광선 영역인 400~750nm 범위의 파장대

과학기술정보통신부와 한국연구재단의 지원을 받아 2016년 5월 무인항공기 선도연구기관인 한국항공우주연구원에 설치되어 '무인이동체 미래선도 핵심기술개발사업'을 총괄 주관하고 있는 조직. 무인이동체사업단은 기술 수요 및 공공 수요 조사 결과를 기반으로 유망한 무인 이동체 연구 개발 과제를 발굴하고 국내에 역량 있는 산학연 연구자들의 융복합 연구를 지원하고 있다.

현재 많은 사람들이 상품화에 성공한 DJI의 드론을 사용하고 있다. 하지만 국내에서도 많은 기관에서 특정 목적에 적합한 드론을 개발하고 있으니, 독자들은 한국항공우주연구원의 무인이동체사업단 홈페이지를 방문하여 무인기 분야에 대한 우리나라의 위상을 확인하기 바란다.

무인 이동체

무인 이동체는 외부 환경을 인식하고 스스로 상황을 판단하여 이동하거나 필요시 원격조종으로 동작 가능한 이동체를 의미한다. 넓은 의미에서 무인 이동체는 로봇의 한 종류로 분류될 수 있다.

그러나 외부 환경을 인식하고 스스로 판단한다는 측면은 유사하나, 로봇은 '작업' 기능이 강조되는 반면, 무인 이동체는 주행, 비행 등 '이동' 기능이 강조된다.

무인 이동체는 움직임이 필요하기 때문에 다양하고 극한적인 환경에서 작동해야 하며, 고정된 사물, 움직이는 물체 등을 조기에 파악해 회피해야 하기 때문에 보다 정밀한 센서와 판단 기능이 요구된다. 또한, 이동

특성상 보다 효율적인 동력원이 필수적이며, 가볍고 강건하며 신뢰성이 높게 제작되어야 한다.

자료제공 : 한국항공우주연구원 무인이동체사업단

사단법인 한국무인기시스템협회 Korea Unmanned Vehicle System Association
→ 인터넷 주소: https://www.korea-uvs.org

한국항공우주산업진흥회 Korea Aerospace Industries Association
→ 인터넷 주소: https://www.aerospace.or.kr

사단법인 한국드론산업진흥협회 Korea Drone Industry Promotion Association
→ 인터넷 주소: https://www.kodipa.org

사단법인 한국드론산업협회 Korea Drone Industry Association
→ 인터넷 주소: https://www.kdrone.org

한국드론기술협회 Korea Drone Technology Association
→ 인터넷 주소: https://www.kodta.org

한국모형항공협회 Korea Aero Models Association
→ 인터넷 주소: https://www.k-ama.org

사단법인 한국드론협회 Korea Drone Association
→ 인터넷 주소: https://www.kdaa.org

사단법인 한국무인기안전협회 Korea Remotely Piloted Aircraft Safety Association
→ 인터넷 주소: https://www.krpasa.or.kr

국제드론스포츠연합 Drone Sports International
→ 인터넷 주소: https://www.ds-i.org

사단법인 한국첨단자동차기술협회 Korea Advanced Automotive Technology Association
→ 인터넷 주소: https://www.kaata.or.kr

방사보정용 지상지표
(빛의 반사도 보정)

방사보정용 지상지표
(열상이 해상도와 대비선 보정)

지상기준점
(위치 정보 보정지표)

극지연구소의 초분광 드론(가시광
선, 근적외선, 단파적외선 동시 관측)

퍼듀 대학의 초분광 드론(가시광
선, 근적외선, 라이다 동시 관측)

고정기지국
(실시간 위치정보 보정)

그림 86

초분광 센서 시험 비행. 필자의 연구팀에 초분광 센서가 2개 있다. 그중 먼저 도입한 초분광 센서
로 미국 퍼듀 대학과 공동 연구를 통해 미국 알래스카 카운실에서 센서의 성능을 검정하고 테스트
하고 있다(자료 출처 : 극지연구소 지준화, 김재인).

와 근적외선NIR 파장대인 750~1,000nm 범위, 그리고, 단파적외선SWIR
인 1,000~2,500nm 범위를 측정할 수 있는 센서들이다.

하지만 이 모든 파장대를 하나의 센서로 한 번에 관측하려면 각 영역
별 센서가 관측할 수 있는 센서 민감도 차이로 인해 파장대별 별도의 센
서를 함께 사용하는 게 일반적이다. 그렇기 때문에 일반적인 단파적외선
범위로 알려진 700~1,700nm 사이의 파장대를 관측할 수 있는 센서들

극지과학자가 들려주는 드론 이야기

이 주로 사용된다.

초분광 센서는 감지할 수 있는 빛의 종류가 많기 때문에 카메라와 같은 다중분광빛의 삼원색과 근적외선 보다는 더 다양한 분야에 활용할 수 있다. 예를 들어 가시광 영역에서는 빛의 차이가 없으나 근적외선을 포함한 단파적외선 범위에서 다양한 광학 특성을 나타내는 광물 및 생물의 생장과 관련한 빛의 특성을 관측할 수 있다. 또한 식물의 특성 구분, 수질의 변화, 지상의 토양 함유물과 암반의 종류 등의 구분, 대기의 에어로졸 성분 분석 등 다양한 분야에 확대 적용할 수 있다.

초분광 센서의 활용은 결국, 초분광 센서를 장착한 드론으로부터 들어오는 대용량의 자료를 활용한 AI 부분의 발달을 가속화시킬 것이다. 이러한 기술들은 극지에서 활용 가능한 다양한 분야의 과학 연구에 적용될 수 있기 때문에 극지 4차 산업의 중심이 될 수 있을 것이다.

열적외선 카메라를 드론에 장착하기도

열적외선 카메라도 드론에 장착하여 다양한 연구를 진행 중이다. 남극과 같은 혹한의 날씨에 동물들은 주변과 다른 체온을 가지고 있다. 따라서 열적외선 카메라는 하얀 설원에서 동물들을 쉽게 찾아낼 수 있다. 펭귄과 해표, 그리고 극지에 서식하는 조류 연구 등 활용 부분이 많다. 인진 부분에서도 열적외선 카메라는 효율적으로 사용이 가능하다. 남극을 탐사하는 대원들이 크레바스나 악천후에 길을 잃을 경우 열적외선

7191600N 7191585N 7191570N

그림 87

초분광 센서 테스트를 통해 확보한 영상. 초분광 센서는 활용도가 높은 반면 기술적으로 숙련도가 필요하다. 센서의 가동 방식에 의해 영상을 정합하는 기술이 아주 어렵다(자료 출처 : 극지연구소 지준화, 김재인).

카메라를 장착한 드론은 인간의 눈이 되어 멀리 내다보는 지능형 탐사 대원으로서 역할을 하며 극지에서 활동 중인 대원들의 안전한 활동을 지원할 수 있다.

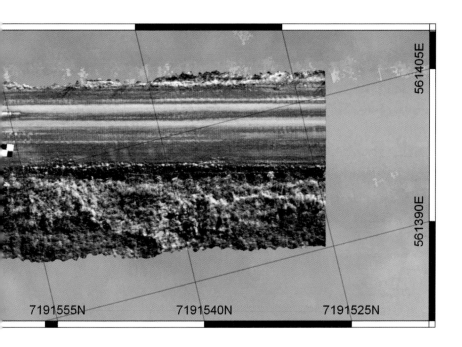

561405E

561390E

7191555N   7191540N   7191525N

수중 드론으로 해빙 밑바닥 관측도

　수중 드론도 있다. 하늘을 나는 것과는 운용 개념이 다르지만, 물속을 움직이며 유선으로 연결된 선을 따라 물속의 상황을 실시간으로 모니터링할 수 있는 기능을 포함하고 있다. 수중에서는 위성항법장치에 의한 위치 정보를 수신할 수 없기 때문에 수중 글라이드glide라 불리는 대형 무인 관측기를 제외하고는 대부분 지상의 시스템과 연결된 유선 시스템이 일반적으로 사용된다.

　수중 드론을 이용해서는 북극해 해빙의 바닥이 어떻게 생겼는지를 자

그림 88

수중 드론 예. 2019년부터 2020년까지 13개월 동안 북극해에서 수행된 역사상 최대 규모의 북극해 조사를 수행한 모자익 프로그램 동안 해양학자들이 수중 드론을 이용하여 해빙 밑의 해류 움직임 등을 정밀 조사하고 있다(자료 출처 : 독일 알프레드베게너 연구소).

세히 관측한다. 표면에 드러난 얼음의 형태와는 다르게 물속의 해빙 밑 바닥은 특이한 구조를 가진다. 빙산의 일각이라는 말처럼, 해수면 위에 드러난 얼음은 전체 크기의 10% 수준이다. 물론 옆으로 넓게 펼쳐진 형태의 해빙은 빙산과 다르게 상당히 많은 부분이 해수면으로 모습을 드러내고 있지만, 해빙이 형성되는 형태에 따라 해빙의 바닥은 다양한 모습을 하고 있다.

해빙은 극한의 북극해에서 서식하는 플랑크톤의 보금자리와 삶의 터전 역할을 한다. 표면이 하얀 해빙의 모습과는 다르게 해빙의 밑바닥에는 간혹 초록색의 식물 플랑크톤과 이를 먹고 사는 동물 플랑크톤이 서식한다. 해빙을 뚫고 들어오는 태양빛과 해빙이 형성되는 과정에서 염분이 배출될 때 함께 배출되는 철분 등이 식물 플랑크톤의 성장에 영향을 준다. 극지의 바다에서 생명체들의 먹이사슬을 유지하기 위한 첫 번째 조건인 일차생산자의 역할을 맡고 있는 식물 플랑크톤은 해빙의 아래와 주변에서 성장한다. 이 때문에 해양생물학자들은 해빙의 형태와 해빙이 극지의 바다에서 하는 역할에 대해 많은 연구를 하고 있다. 이러한 연구에 수중 드론은 중요한 역할을 한다.

또한 해빙의 표면에 형성되는 용융 연못이 있다. 앞서 얘기했듯이 용융 연못은 대기와 접촉하는 해빙의 표면에서 얼음이 녹아내릴 때 형성되어 연못과 같은 모습을 하고 있기 때문에 용융 연못이라고 한다. 간혹 바다와 연결되어 구멍이 난 곳도 있다.

이러한 용융 연못의 형태는 해빙의 성장과 소멸, 그리고 변형과 관련이 있다. 수중 드론은 이런 용융 연못 관측에 최적으로 사용된다. 수중 드론에는 주로 방수 처리된 광학 카메라가 사용된다. 해빙 아래의 상황을 실제 확인하는 용도이다. 또한, 초음파를 이용하여 수중 드론과 해빙 표면 간의 거리를 계산해 해빙 표면의 형태를 재구성하는 센서도 있다.

드론과 센서의 융합은 극지 과학의 새로운 분야를 개척했다. 그래서 극지에서 운용되는 드론은 첨단 4차 산업 기술을 실현하는 대표 기술이다. 자동 항법 기능과 빅데이터 생산에 따른 대용량 자료 처리를 위한 AI

그림 89

해빙 밑에 서식하는 동물 플랑크톤(자료 출처 : 알프레드 베게너 연구소).

기술, 그리고 생산된 정보를 실시간으로 주고받는 통신 기술 부분도 발전이 진행 중이다. 우주와도 같은 극지는 곧 이러한 첨단 4차 산업 기술을 이용하여, 인류에게 많은 과학 정보를 안전하게 제공하게 될 것이다.

그림 90

해빙 주변에서 발생하는 식물 플랑크톤 대번성(자료 출처 : 알프레드 베게너 연구소).

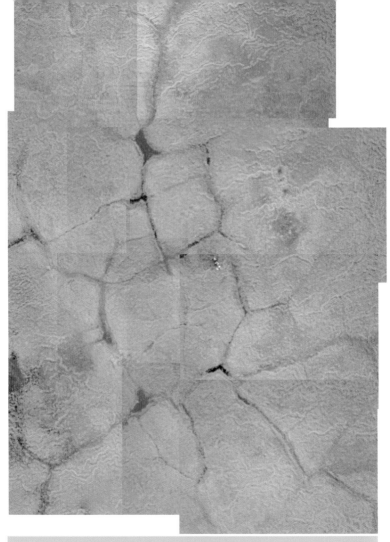

그림 91

드론을 이용한 알래스카 동토 연구. 계절이 바뀌면서 얼었다 녹았다를 반복하는 동토층에 여름철 식생이 성장한다. 그림 중간중간 물길처럼 보이는 갈라진 선은 동토가 얼었다 녹았다를 반복하면서 동토에 있던 얼음이 녹아 흘러나온 물에 의해 동토 표면이 갈라진 곳이다. 사진 가운데 과학자들이 동토 연구를 진행하는 모습이 보인다.

극지과학자가 들려주는 드론 이야기

맺음말

　드론을 이용한 극지 연구 사례를 많은 분들에게 알려드리고 싶었다. 지식의 전달 면에서는 다른 훌륭한 저자와 연구자들이 발간한 책들보다 부족하다. 이 책의 앞부분에서 이야기했듯이 발상의 전환을 기대했다. 장난감 같기도 하고 무기 같기도 한 드론이 이렇게 다양한 분야에서 과학 활동에 기여하고 있다는 것을 보여 주고 싶었다.

　드론에 대해 더 궁금한 점은 이 책 끝에 표시된 참고문헌을 참고하기 바란다. 전 세계 드론 시장의 80%를 한 기업체 제품이 점령하고 있다. 아마 독자분들 중에서도 상당수가 이 기업체의 제품에 익숙할 것이다.

　하지만 참고문헌과 관련 협회의 정보를 보신다면, 국내 드론 관련 기술이 여러분 상상보다도 많이 진행되고 있다는 것을 알게 될 것이다. 세계 최고의 기술도 국내 기업에서 보유하고 있다. 드론 산업 육성을 위한 정책도 함께 진행 중이다. 드론의 미래는 멀리 있지 않다. 곧 일상이 될 것으로 기대된다.

다만, 인간의 활동에 저해되면 안 된다. 그래서 드론 운용에 관한 법률도 있다. 가장 중요한 것은 드론을 운용하는 사람의 마음일 것이다. 안전하고 효율적인 목적의 드론 운용은 인류의 편안한 미래를 이끌게 될 것이다.

끝으로, 독자들에게 전하고 싶은 말이 있다. 기존 기술의 활용을 통해 전문가가 되는 것도 중요하다. 하지만, 앞서 나가는 생각을 바탕으로 시행착오를 거치면서 새로운 길을 독자들이 열어가길 기대한다. 이 기대가 《극지과학자가 들려주는 드론 이야기》를 통해 필자가 독자에게 전달하고자 하는 것이다.

용어 설명

◈ 이카로스Icaros

그리스 신화에 나오는 인물로 다이달로스의 아들이다. 밀랍과 새의 큰 깃털로 만든 날개를 달고 크레타 섬에 있는 미노스의 미궁에서 탈출을 시도하였으나, 아버지의 주의를 잊고 너무 높이 날아 태양에 날개가 녹아내려 바다에 떨어졌다.

◈ 레오나르도 다빈치Leonardo di ser Piero da Vinci

1452년 4월 15일에서 1519년 5월 2일까지의 일생을 보냄. 이탈리아 르네상스를 대표하는 근대적인 화가이자, 조각가, 발명가, 건축가, 기술자, 해부학자, 식물학자, 도시계획자, 천문학자, 지리학자, 음악가였다.

◈ 드론drone

무인기. 조종사 없이 전파의 유도에 의해서 비행 및 조종이 가능한 비행기나 헬리콥터 모양의 무인 항공기를 이르는 말. 국립국어원은 2015년 5월 4일자 보도자료를 통해 드론의 다듬은 말로 '무인기'를 선정하였다. 영어 어휘로 드론은 꿀벌, 개미 등 벌목과 곤충의 수컷을 칭하는 단어이다.

◈ 온실가스

온실가스greenhouse gases, GHGs는 지구 표면에서 우주로 발산하는 적외선 복사열을 흡수 또는 반사하여 지구 표면의 온도를 상승시키는 역할을 하는 특정 기체를 말하며 두 가지 이상의 다른 원자가 결합된 모든 기체가 이에 해당된다. 다만, 일산화탄소, 염화수소 등은 두 개의 상이한 원자로 결합된 분자이지만, 대기에서 잔류하는 시간이 매우 짧아 온실효과에 거의 영향을 주지 않기 때문에 온실가스로 다루지 않는다.

◈ 해빙Sea Ice

얼어 있는 바닷물의 한 형태로 3m 이하의 두께로 이루어져 있다. 대양이 염분을 포함하고 있기 때문에 순수한 물의 어는점보다 낮다(약 -1.8℃). 해빙은 바닷속으로 떨어져나간 빙붕, 빙하덩어리인 빙산과 다르다. 빙산은 응축된 눈으로 염분기가 없는 민물로 만들어진다. 그러나 해빙은 바닷물로부터 형성되는 동안 염분을 배출하기 때문에 오래된 해빙은 민물에서 언 얼음과 비슷하게 된다.

◈ 빙붕ice shelf

육지의 빙하와 빙상이 흘러 내려와 해안과 바다 위로 퍼지면서 평평하게 얼어붙은 것으로 남극 대륙과 그린란드, 캐나다, 그리고 북극의 러시아 해역에서 발견된다. 빙붕의 두께는 약 100m에서 1,000m 정도이다.

◈ 빙상Ice sheet

'대륙빙하'라고도 하며, 5만km² 이상의 면적으로 육지를 덮고 있는 거대한 얼음 덩어리이다.

◈ 크레바스crevasse

빙하나 빙상 그리고 눈 골짜기에 형성된 깊은 균열. 벽면은 수직으로 1~2m 정도의 틈이 형성된 것이 일반적이다. 크레바스의 규모는 일반적으로 빙하에 포함된 물의 양과 관계가 있다. 45m 정도 깊이와 약 20m의 폭을 가진 것도 있다.

◈ 극야極夜, Polar Night

위도 66.5도 이상인 지역에서 낮은 태양 고도 때문에 겨울 동안 어두워지는 현상을 말한다. 극야와 반대로 해가 지지 않는 기간을 백야라 한다. 남극과 북극은 극야와 백야의 시기가 정반대이다.

◈ 블리자드blizzard

눈보라, 폭풍설이라고도 한다. 일반적으로 심한 눈과 함께 풍속이 56km/h(35mph)의 강한 바람이 일정시간 이상 지속적으로 부는 현상을 말한다. 눈보라가 심한 경우에는 아무것도 보이지 않는 화이트아웃이 발생하며 며칠 동안 야외 활동을 할 수 없다.

◈ 호버링hovering

제자리 비행, 정지 비행을 말한다.

◈ 라이다LiDAR, Light Detection And Ranging

고밀도의 짧은 파장을 가지는 레이저를 이용하여 사물까지의 거리, 방향, 속도, 온도, 물질 분석, 농도 특성 등을 측정하는 장비로 3차원 공간 정보를 만들 수 있다.

◈ **해양보호구역**MPA, Marine Protected Area

해양 생태계 및 해양 경관 등 특별히 보전할 필요가 있어 국가 또는 지자체가 보호 구역으로 지정하여 관리하는 구역을 말한다. 남극 해양생물자원보존에 관한 협약CAMLR 협약과 남극조약에 의해 남극에서 상업적 어업 활동을 제한하는 것과 관련이 있다.

◈ **남극특별보호구역**ASPA, Antarctic Specially Protected Area

1961년 남극조약에 의해 보호 구역이 제정되었다. 인간 활동에 의한 오염으로부터 남위 60도 이남의 남극 대륙과 주변 섬을 보호하는 것이 목적이다. ASPA 지역에 들어가기 위해서는 허가를 받아야 한다. 현재 101구역부터 172구역까지 72개의 보호 구역이 있다.

◈ **지상기준점**GCP, Ground Control Point

직접 측량에 의해 위치값을 알 수 있는 지점을 말한다.

◈ **짐벌**gimbal

수평유지장치, 드론에 장착된 카메라가 흔들리지 않는 영상을 촬영하도록 하는 장치를 말한다. 회전축의 개수에 따라 최대 3축까지 확장하여, 드론의 움직임에 상관없이 일정한 자세를 유지하게 한다.

참고 문헌

1. 옥스퍼스영어사전(Oxford Languages).

2. 드론 백과사전 – 우리 곁으로 성큼 다가온 드론에 대한 종합 안내서, 2017, 마틴 J. 도허티 지음, 이재익 옮김, 휴먼앤북스.

3. 드론(무인기) 원격탐사 사진측량, 2016, 이강원, 손호웅, 김덕인 공저, 도서출판 구미서관.

4. 드론 용어사전, 2016, 이강원, 송호웅 공저, 도서출판 구미서관.

5. ASI (비행안전영향평가), 항공안전연구소, www.asi.or.kr

6. 미래를 여는 극지인, 2017년 봄·여름호(NO. 21).

7. 드론의 안전한 운용과 프라이버시 보장을 위한 법제 정비 방안, 2018, 김명수, 법제논단, 188~221.

8. 우리 주변의 대단한 기술 대백과-넓고 얕은 대단한 과학기술지식, 2019, 와쿠이 요시유키, 와쿠이 사다미 지음, 이영란 옮김, (주)도서출판 성안당.

9. 마블이 설계한 사소하고 위대한 과학, 세바스찬 알바라도 지음, 박지웅 옮김, 2019, 하이픈.

10. 클라우스 슈밥의 제4차 산업혁명, 2019, 클라우스 슈밥 지음, 송경진 옮김, 새로운현재.

11. 사소하지만 중요한 남극이 품은 작은 식물 이야기, 2020, 김지희 지음, 지오북.

12. 사소하지만 중요한 남극동물의 사생활, 2019, 김정훈 지음, 지오북.

13. 극지과학자가 들려주는 원격탐사 이야기, 2016, 김현철 지음, 지식노마드.

14. 극지과학자가 들려주는 남극 식물 이야기, 2015, 이형석 지음, 지식노마드.

15. 드론 항공촬영의 모든 것, 2019, 고경모 지음, 시대인.

16. FLY HIGH 드론 맵핑, 2020, 임종태 지음, 크라운출판사.

17. 드론 시장조사보고서, 2017, 테헤란씨씨.

18. 드론공학개론, 2017, 윤용현 지음, 형설출판사.

19. 무인멀티콥터 드론 요점&필기시험, 2017, 류영기, 박창환 공저, 골든벨.

20. 2019 무인이동체 기업 디렉토리 개정증보판, 무인이동체미래선도핵심기술개발사업단.

21. Divine, D. V. et. al., 2016, Photogrammetric retrieval and analysis of small scale sea ice topography during summer melt, Cold Regions Science and Technology, 129, 77~84.

22. Vincent-De-Paul Onana et al., 2013, Detection Algorithm for Use With High-Resolution Airborne Visible Imagery. IEEE Transactions on Geoscience and Remote Sensing, 51, 38~56.

23. Wang, X. et al., 2016, An improved approach of total freeboard retrieval with IceBridge Airborne Topographic Mapper(ATM) elevation and Digital Mapping System(DMS) images. Remote Sensing of Environment, 2016, 184, 582~594.

24. Duncan, K. et al., 2018, High-resolution airborne observations of sea-ice pressure ridge sail height. Annals of Glaciology, 59, 137~147.

25. Liu, Y. et al., 2018, Generating a high-precision true digital orthophoto map based on UAV Images. ISPRS International Journal of Geo-Information, 7.

26. Martínez-Carricondo, P. et al., 2018, Assessment of UAV-photogrammetric mapping accuracy based on variation of ground control points. International Journal of Applied Earth Observation and Geoinformation, 72, 1~10.

27. Hyun C. U. et al., 2019, Mosaicking Opportunistically Acquired Very High-Resolution Helicopter-Borne Images over Drifting Sea Ice Using COTS Sensors, Sensors, 19(5), 1251.

28. Kim, J. et al., 2019, Evaluation of Matching Costs for High-quality Sea-Ice Surface Reconstruction from Aerial Images, 11, 1055

29. 대한상공회의소 무인항공기교육센터 : 국토부지정전문교육기관, https://drone.korchamhrd.net

30. 미국 연방 항공 관리청Federal Aviation Administration : 미국에서 드론을 사용하기 위해 드론을 등록하는 곳, https://faadronezone.faa.gov/#/에서 사용하고자 하는 드론의 무게를 기준으로 등록 절차를 마쳐야만 미국에서 드론을 운용할 수 있다.

31. 사단법인 한국무인기시스템협회 : 국내 무인 이동체 기업들의 모임으로 한국에서 생산되는 다양한 종류의 무인 이동체들의 디렉토리를 매년 발간한다.

32. 사단법인 한국드론산업협회 : https://kdrone.org, 드론을 포함한 무인 운송 수단과 무인 이동체의 기술 향상을 위한 연구 및 정책 개발, 홍보 등을 수행하기 위한 모임.

33. GPS(Global Positioning System) : https://www.gps.gov

34. QZSS(Quasi-Zenith Satellite System) : https://qzss.go.jp/en/

35. GNSS(.) : https://www.glonass-iac.ru/en/

36. 국토교통부 국토지리정보원 : https://www.ngii.go.kr/

37. EU GSA (European Global Navigation Satellite System Agency) : https://www.gsa.europa.eu/european-gnss/what-gnss

38. ebee : https://www.sensefly.com/drone/ebee-mapping-drone/

39. DJI : https://www.dji.com/kr

40. 무인이동체사업단 : http://www.uvarc.re.kr

41. 극지연구소 연구 프로젝트.

42. 북극 해빙 위성관측을 위한 분석기술 개발-북극해 해빙.

43. 환경 변화에 대한 킹조지섬 주요 육상 생물의 생물 반응 모델링 기술 개발-세종기지 식물, 펭귄.

44. 남극해 해양보호구역의 생태계 구조 및 기능 연구-케이프 할렛 펭귄, 실버피쉬 베이 해표.

45. 북극 빙권 변화 정량 분석을 위한 원격탐사 연구-육상 초분광 연구.

46. 남극반도 연안해양시스템 변화 2050 전망연구 -빙하 변화.

그림으로 보는 극지과학 11

극지과학자가 들려주는 드론 이야기

지 은 이 | 김현철

1판 1쇄 인쇄 | 2020년 12월 10일
1판 1쇄 발행 | 2020년 12월 17일

펴 낸 곳 | ㈜지식노마드
펴 낸 이 | 김중현
디 자 인 | 제이알컴

등록번호 | 제313-2007-000148호
등록일자 | 2007.7.10
주　　소 | 서울시 마포구 양화로 133, 1201호
전　　화 | 02-323-1410
팩　　스 | 02-6499-1411

이 메 일 | knomad@knomad.co.kr
홈페이지 | http://www.knomad.co.kr

가　　격 | 12,000원

ISBN 979-11-87481-88-1　04450
ISBN 978-89-93322-65-1　04450(세트)